Bibliografische Information der Deutschen Nationalbibliothek:

Die Deutsche Bibliothek verzeichnet diese Publikation in der Deutschen Nationalbibliografie; detaillierte bibliografische Daten sind im Internet über http://dnb.d-nb.de/ abrufbar.

Impressum:

Druck und Bindung: Books on Demand GmbH, Norderstedt Germany
ISBN: 9783668715288

Dieses Buch bei GRIN:

https://www.grin.com/document/426875

Sebasti Geitner

Einsatzmöglichkeiten der Blockchain-Technologie in der Energiewirtschaft

GRIN Verlag

HOCHSCHULE FÜR ANGEWANDTE WISSENSCHAFTEN
LANDSHUT

FAKULTÄT ELEKTROTECHNIK UND WIRTSCHAFTSINGENIEURWESEN

Bachelorarbeit zum Thema

Einsatzmöglichkeiten der Blockchain-Technologie in der Energiewirtschaft

vorgelegt von

Sebastian Geitner

Danksagung

An dieser Stelle möchte ich mich bei der Forschungsstelle für Energiewirtschaft und all deren Mitarbeitern bedanken, welche mir die Möglichkeit meine Abschlussarbeit schreiben zu können und mir durch spannende Vorträge umfassende Einblicke in die Energiewirtschaft und deren Abläufe gegeben haben.

Ein besonderer Dank gilt Herrn Alexander Bogensperger, der als mein Betreuer zu jederzeit bei aufkommenden Fragen ansprechbar und mir mit seinem fachlichen Wissen stets eine große Hilfe für meine Arbeit war, sowie Herrn Andreas Zeiselmaier, als weiteren Ansprechpartner bei Fragen.

Ebenso möchte ich allen Beteiligten des Projekts B10X danken, welche während der Workshops durch spannende Fragen und Ideen mein Verständnis für die Thematik erweiterten. Auch hier noch einmal ein gesondertes Dankeschön an Herrn Dr. Enzenhöfer, welcher mir half spezielle Fragen im Bereich der Präqualifikation und Bilanzkreisabrechnung zu beantworten.

Bei meinem betreuenden Professor Herr Arlt möchte ich mich ebenfalls für den unkomplizierten Kontakt, die Hilfe bei aufkommenden Fragen während des ganzen Studiums und für die Betreuung meiner Arbeit bedanken.

Zu guter Letzt möchte ich mich bei meiner Familie bedanken, die mich während meines gesamten Studiums und meiner Abschlussarbeit herzlich unterstützt hat.

Inhaltsverzeichnis

Abbildungsverzeichnis

Abkürzungsverzeichnis

Abkürzung	Bedeutung
BIKO	Bilanzkreiskoordinator
BK	Bilanzkreis
BKA	Bilanzkreisabrechnung
BKV	Bilanzkreisverantwortlicher
ENTSO-E	European Network of Transmission System Operators for Electricity
EnWG	Energiewirtschaftsgesetz
MaBiS	Marktprozesse für die Bilanzkreisabrechnung Strom
MOLS	Merit-Order-List-Server
MRL	Minutenreserveleistung
NRV	Netzregelverbund (Deutschland)
PoW	Proof of Work
PRL	Primärregelleistung
reBAP	regelzonenübergreifender einheitlicher Bilanzausgleichsenergiepreis
SRL	Sekundärregelleistung
TE	Technische Einheit
MRL	Minutenregelleistung
ÜNB	Übertragungsnetzbetreiber

1 Einleitung

Energie ist die Lebensader moderner wirtschaftlicher und menschlicher Aktivitäten, da diese in Haushalt, Industrie und Mobilität benötigt wird. Das einst durch langsame und stetige Veränderungen geprägte Energiesystem, erlebt auf lokaler, nationaler und globaler Ebene eine signifikante Transformation, angetrieben durch Innovationen und großen Veränderungen in der Politik und den Verbraucheranforderungen. Dabei scheint die Blockchain eine vielversprechende, zukunftsfähige und disruptive Technologie zu sein, die ganze Branchen oder große Teile davon verändern und prägen kann. Sie verspricht Transaktionen vollautomatisch, günstig und fälschungssicher abzuwickeln, was unser Verständnis wie wir bezahlen und wie wir mit Daten und Waren handeln grundlegend verändern kann. Hier bietet sich für Deutschland in Sachen Digitalisierung eine zweite Chance, um nicht länger in der Web 2.0 Revolution hinterherzuhinken. So erstrecken sich in der Energiewirtschaft die potenziellen Einsatzmöglichkeiten von Nachbarschaftsmodellen über Ökostrom-Labeling bis hin zum Bilanzkreismanagement. Die Blockchain-Technologie kann dabei die dazugehörigen Informationsflüsse und Transaktionen sicher und kosteneffizient abbilden und so zur Versorgungssicherheit und Netzstabilität in Zeiten der Energiewende beitragen. /BBEV-01 17/

In dieser Arbeit soll zuerst ein knapper Überblick über die Blockchain-Technologie und den daraus resultierenden Chancen und Risiken gegeben werden. Hierfür werden zuerst wichtige Grundbausteine aus denen sich die Blockchain zusammensetzt erklärt, um so eine Grundlage für das weitere Verständnis der Arbeit zu schaffen. Anschließend wird der Bogen zur Energiewirtschaft gespannt und Grundstrukturen des liberalisierten Strommarktes und des Netzregelverbundes erklärt. Dies bildet die Basis für die in den folgenden Abschnitten behandelten Einsatzmöglichkeiten der Blockchain-Technologie. Als erstes wird der Ablauf eines Präqualifikationsverfahrens erläutert und aufgezeigt aus welchem Grund eine Blockchain in diesem Bereich einen Mehrwert bieten kann. Um dies zu untermauern wurden theoretische Potenziale ermittelt. Inwiefern der Einsatz einer Blockchain-Technologie zur Optimierung von Regelleistung eingesetzt werden kann wird im nächsten Kapitel erörtert. Darauffolgend wird die Thematik des Bilanzkreismanagements und der damit verbundenen Bilanzkreisabrechnung detailliert dargestellt und mittels einem e3 value model veranschaulicht, um die Implementierung einer Blockchain in diesem Bereich und den daraus abgeleiteten Potenzialen nachvollziehen zu können. Der letzte in dieser Arbeit behandelte Use-Case betrachtet die Abrechnung von grenzüberschreitenden Energiemengen. Hierbei wird explizit die Beziehung zwischen der Schweiz und Deutschland beleuchtet. Am Ende wird ein kurzer Ausblick über mögliche zukünftige Entwicklungen gegeben und ein übergreifendes Fazit zu den Einsatzmöglichkeiten der Blockchain-Technologie in den in dieser Arbeit vorgestellten Bereichen gezogen. Hierbei werden noch einmal die wichtigsten Kernpunkte der einzelnen Use-Cases aufgegriffen und hervorgehoben.

2 Einführung in die Blockchain-Technologie

In diesem Kapitel soll die Blockhain-Technologie vorgestellt werden. Hierfür werden zuerst wichtige Grundbegriffe erklärt, welche als Basis dienen, um anschließend die Blockchain als Ganzes beschreiben zu können. Danach werden unterschiedliche Ausprägungen der Technologie aufgeführt. Im Anschluss folgt eine erste Auflistung und Beschreibung möglicher Chancen und Risiken, die allgemein durch die Technologie bestehen. Abschließend werden die aktuell (Stand April 2018) größten Kryptowährungen mit ihren jeweiligen spezifischen Merkmalen vorgestellt.

2.1 Historie

Die Geschichte der Blockchain-Technologie beginnt im Jahr 2008 durch die Veröffentlichung des White-Papers „Bitcoin: A Peer-to-Peer Electronic Cash System" von Satoshi Nakamoto. Hier wurde ein System beschrieben, welches dezentrale Transaktionen ohne einem Intermediär ermöglichen soll. Um ein solches System überhaupt verwirklichen zu können, musste eine Vielzahl an Pionierleistungen in den Bereichen der Kryptographie, der Verteilten Systeme und des „Hashings" erbracht werden. Ab diesem Zeitpunkt entwickelte sich die Blockchain-Technologie stetig weiter und die Zahl an Interessierten wuchs. Daraus resultieren unterschiedlichste Varianten und Weiterentwicklungen der Blockchain und eine Masse an Anwendungen in allen möglichen Branchen. Dieser regelrechte Hype spiegelt sich in der Marktkapitalisierung der aktuell 10 größten Kryptowährungen von rund 220 Mrd. € (Stand April 2018) wieder /ROEM-01 18/. Zum Vergleich das wertvollste deutsche Aktienunternehmen SAP SE hat eine Marktkapitalisierung von 108,4 Mrd. € (Stand April 2018) /FIN-02 18/.

Im nachfolgenden Kapitel wird ein kurzer und knapper Überblick über die Blockchain-Technologie und deren wichtigsten Eigenschaften gegeben.

2.2 Grundbegriffe

Um die Blockchain-Technologie verstehen und deren Potenziale nachvollziehen zu können werden in den folgenden Abschnitten die wichtigsten Bausteine wie verteilte Netzwerkstrukturen, Hashing, Konsens-Mechanismen und Smart Contracts erörtert. Diese bilden die Grundlage für ein Verständnis über die Innovationskraft und das disruptive Potenzial der Technologie.

2.2.1 Zentral, Dezentral und Verteilt

Abbildung 2-1 zeigt den Unterschied zwischen zentralen, dezentralen und verteilten Netzwerkstrukturen auf.

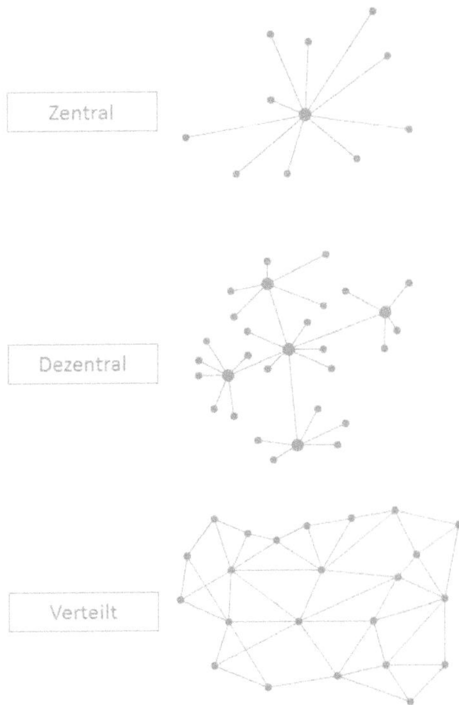

Abbildung 2-1: *Zentralisation, Dezentralisation, Distribution (Eigene Darstellung)*

Bei einer Zentralisation werden alle wichtigen Informationen und Prozesse über eine einzelne Stelle gesammelt und abgewickelt. Das bedeutet die Kontrolle liegt bei einem Intermediär. Wohingegen bei der Dezentralisation die Kontrolle über einzelne Bestandteile eines Systems auf verschiedene Stellen verteilt ist. Verteilte Systeme kommen aus der Netzwerktechnik und stellen einen Zusammenschluss vieler autonomer Stellen zu einem nach außen hin wirkenden einheitlichen System dar. Die einzelnen Stellen, später in der Blockchain als Knoten bezeichnet, kommunizieren und koordinieren Aktionen untereinander und tauschen Nachrichten aus. /UCL-01 97/

2.2.2 Hashing

Mittels Hash-Funktionen können komplexe Eingabedaten in einer kurzen Zeichenfolge aus Zahlen und Buchstaben, einem Hash, dargestellt werden. Ein Hash kann als digitaler Fingerabdruck gesehen werden, da aus jedem Input ein individueller Hash entsteht. Folglich führt eine Änderung des Inputs zu einer Änderung des Hashs. Dies macht sich die Blockchain-Technologie zunutze, indem jeder Block und jede Transaktion in einen Hash umgewandelt wird. Dabei ist ein fundamentales Merkmal, dass die Korrektheit eines Hashwertes sehr leicht überprüft werden kann, wohingegen das Rückrechnen auf die Input-Werte so gut wie unmöglich ist. /BDEW-101 17/ Durch die Hash-Funktionen werden die Blöcke und Transaktionen einer Blockchain vor nachträglichen Veränderungen geschützt. Da die Daten für jeden Teilnehmer im Netz transparent vorliegen, kann auch jeder die Gültigkeit der Hashwerte überprüfen.

2.2.3 Konsens-Mechanismen

Die Idee hinter der Blockchain ist unter anderem Daten dezentral zu speichern, um somit keiner zentralen Stelle vertrauen zu müssen. Hierfür werden bei der Blockchain-Technologie Konsens-Algorithmen verwendet, welche es ermöglichen, dass jeder Teilnehmer prüfen kann, ob seine Blockchain den Regeln entspricht. Ein Konsens-Mechanismus kann demnach als Herzstück einer Blockchain betrachtet werden. Dieser stellt sicher, dass eine Übereinstimmung aller Teilnehmer im Netzwerk über eine Wahrheit erfolgt. Dabei ermöglicht ein Alogrithmus, dass beispielsweise eine Transaktion ohne Intermediär sicher und zuverlässig ausgeführt wird. Der aktuell am häufigst genutzte Konsens-Mechanismus ist der Proof of Work (PoW). Dieser kann als eine Art Nachweis für eine erbrachte Arbeit angesehen werden. Das Ziel des Algorithmus ist es, ein kryptographisches Rätsel zu lösen, damit ein neuer Block, welcher eine gewisse Anzahl an Transaktionen, die innerhalb eines bestimmten Zeitraums gesammelt wurden, generiert werden kann und somit einen Hashwert mit einer genau definierten Anzahl an führenden Nullen erzeugt. Alle anderen Knoten können ohne großen Aufwand prüfen, ob der neue Block ordnungsgemäß berechnet wurde und validieren diesen schließlich. Um dieses kryptographische Rätsel lösen zu können muss ein enormer CPU-basierter Rechenaufwand erfolgen. Dies ist auch der Grund für den hohen Energieverbrauch des PoW-Minings. Mining kann als ein Prozess verstanden werden bei dem Nutzer ihre Rechenleistung dem Netzwerk zur Verfügung stellen, um Transaktionen verarbeiten, absichern und synchronisieren zu können. /PWC-01 16/, /FIT-01 17/

Als Alternative zum Proof of Work Algorithmus wurde der Proof of Stake Algorithmus entwickelt. Hier soll der Problematik des hohen Energieverbrauchs Abgeltung getan werden. Um am Netzwerk teilnehmen zu können, muss ein Besitznachweis in Form einer Einlage von Geld erfolgen. Der Algorithmus ermittelt zufällig einen Teilnehmer im Netzwerk, welcher die Berechnung des neuen Blocks durchführen soll, wobei Teilnehmer mit einem hohen Besitzanteil bevorzugt ausgewählt werden. Somit findet kein Rechenwettbewerb gegeneinander statt und der Energieverbrauch ist deutlich geringer als bei einem PoW Algorithmus. Darüber hinaus gibt es mittlerweile unzählige weitere Varianten von Konsens-Mechanismen auf welche hier nicht genauer eingegangen wird. /NEUM-01 17/

Konsens-Mechanismen sind somit notwendig, um neue Blöcke berechnen und validieren zu können. Dabei soll ein gemeinsamer Konsens auf eine identische Version der Blockchain erlangt werden.

2.2.4 Smart Contracts

Smart Contracts sind kleine Programme, welche dezentral auf einer Blockchain Plattform laufen und dort automatisiert ausgeführt werden können. Mittels eines Programmcodes wird eine Aktion ausgeführt, wenn eine oder mehrere Bedingungen erfüllt werden. Die Software prüft somit automatisiert, ob vordefinierte Bedingungen durch Ereignisse auf der Blockchain wie beispielsweise, eine Anfrage eines Benutzers, eine Transaktion oder einem anderen Smart Contract, erfüllt werden und löst dementsprechend eine Aktivität aus. Vereinfacht gesagt entsprechen Smart Contracts einer Wenn-Dann-Logik. Jedoch ist zu beachten, dass sie lediglich als Ergänzung zum bestehenden Rechtssystem betrachtet werden können, da Vertragsinhalte zuerst auf ihre Gültigkeit hin überprüft werden müssen. /BDEW-101 17/ Smart Contracts können für folgende Anwendungsbereiche eingesetzt werden /BER-01 17/:

- Datenspeicherung und Verwaltung
- Erstellung von Tokens
- Vertragsschließung zwischen zwei oder mehreren Parteien ohne zentrale Stelle
- Interaktion mit anderen Smart Contracts
- Komplexe Authentifizierungsmöglichkeiten.

Festzuhalten bleibt, dass ein Smart Contract keinen klassischen Vertrag in Textform darstellt, sondern ein Softwareprogramm, welches automatisiert eine Aktion ausführt, wenn die beteiligten Parteien zuvor festgelegte Bedingungen erfüllen. Insofern kann sich durch Smart Contracts ein hoher Grad an Automatisierung für eine Blockchain ergeben und aus ihr mehr als nur einen verteilten und sicheren Speicher machen.

2.3 Aufbau der Blockchain

Um das Potenzial einer Blockchain nachvollziehen und bewerten zu können, ist es zuerst einmal notwendig, das Grundschema der Technologie zu verstehen, welches anschließend kurz beschrieben wird.
Die Blockchain-Technologie kann als eine Art verteiltes Kassenbuch verstanden werden. Hierbei wird zum Beispiel eine Transaktion nicht über einen Intermediär bzw. zentrale Stelle, wie etwa heute eine Bank oder Börse, abgewickelt, sondern direkt Peer-to-Peer (P2P) über ein dezentrales Netzwerk zwischen den beiden Parteien. Dies ist auch der erste und aktuell bekannteste Anwendungsfall (Bitcoin) der Technologie, das Abwickeln von Finanztransaktionen ohne einem Intermediär, die sogenannten Kryptowährungen. An dieser Stelle ist jedoch gleich anzumerken, dass die Blockchain-Technologie auf Grund ihrer Eigenschaften, welche im späteren Verlauf beschrieben werden, viele Anwendungsgebiete hat, wie beispielsweise der Energiewirtschaft, Gesundheitswesen, Immobilienbranche, Supply Chain Management und Verwaltung, um nur ein Paar zu nennen.

Das Grundschema der Blockchain besteht darin, dass alle in einem gewissen Zeitraum stattgefundenen Transaktionen, aller im gesamten Netzwerk teilnehmender Akteure, gesammelt und in einem Block zusammengefasst werden. Ein Konsens-Mechanismus bestätigt die Echtheit und Richtigkeit aller Transaktionen innerhalb eines Blockes und wandelt jede Transaktion und den gesamten Block in einen einzigartigen Hash um und knüpft den neu erzeugten Block an den vorherigen Block. Jeder Block kann somit eindeutig identifiziert werden und ist über den Hashwert des vorangegangenen Blockes verknüpft. /FIT-01 17/ Durch diese Verkettung der jeweiligen Blöcke wird eine Kette aus Blöcken realisiert, die sogenannte Blockchain. Die Richtigkeit eines Blockes kann durch seinen individuellen Hashwert sehr einfach und schnell durch das gesamte Netzwerk überprüft und anschließend validiert werden. Entsteht im Netzwerk Konsens über den neuen Block, so wird dieser verteilt auf einer Vielzahl an teilnehmenden Rechnern, den sogenannten Knoten, gespeichert. /PWC-01 16/

Die Blockchain-Technologie lässt sich abschließend als ein Prinzip beschreiben, welches sämtliche Transaktionen aller Teilnehmer eines Netzwerks per Konsens-Mechanismus validiert und in einem gemeinsamen Kassenbuch auf einer Vielzahl von Computern speichert. Dies führt dazu, dass nicht mehr einer einzelnen zentralen Instanz vertraut werden muss. In den nachfolgenden Abschnitten wird auf relevante Ausprägungsarten der Blockchain-Technologie eingegangen und die markantesten Chancen und Risiken der Technologie kurz aufgezeigt.

2.4 Ausprägungen

Der Grundgedanke hinter der Blockchain beruht unter anderem auf einem dezentralen bzw. verteilten Netzwerk. Jedoch sind auch unterschiedliche Ausgestaltungen in Hinsicht auf Zugang, Rechte oder Rollen auf der Blockchain möglich. In diesem Abschnitt werden mögliche Ausgestaltungsmöglichkeiten aufgezeigt.

2.4.1 Public Blockchain

Bei den öffentlichen Blockchains kann jeder teilnehmen und somit Transaktionen ausführen oder auch an der Konsensfindung mitwirken. Das nachträgliche Ändern von Daten ist nur über das Mehrheitsprinzip möglich. Ein Hauptproblem dieser Variante ist somit, dass sich Neuerungen nur schwer durchsetzen lassen, da alle Entscheidungen ebenfalls über das Mehrheitsprinzip erfolgen. Die erste und bekannteste Public Blockchain ist die Bitcoin-Blockchain. /PWC-01 16/

2.4.2 Private Blockchain

In einer privaten bzw. geschlossenen Blockchain ist der Kerngedanke einer Blockchain, die Dezentralität, nicht mehr gegeben, da hier eine zentrale Stelle die Blockchain verwaltet und folglich der Zugang nicht öffentlich ist. Demnach ist die Teilnehmerzahl beschränkt und es kann nicht nach Belieben teilgenommen werden. Dies hat zum Vorteil, dass Verbesserungen oder Änderungen leichter durchgeführt werden können und somit das Problem der Skalierbarkeit wesentlich verringert wird. Das bedeutet der Aufwand zum Speichern und Validieren von neuen Blöcken sinkt drastisch, jedoch auch der Aufwand zum nachträglichen Verfälschen der Blockchain. Deshalb bietet sich eine Private Blockchain besonders an, wenn einer zentralen Domäne vertraut wird. /KOEI-01 17/

2.4.3 Hybride Blockchain

Die hybride Blockchain bietet die Möglichkeit, die Eigenschaften und Stärken von öffentlichen und geschlossenen Blockchains zu kombinieren und somit eine für sich passende Lösung zu gestalten. Dies bietet enorme Potenziale für neue Geschäftsmodelle, da die Verantwortung bei einer oder mehreren zentralen Instanzen verbleibt.

Denkbar ist, dass die meisten Blockchain-Anwendungen in vielen Branchen über hybride beziehungsweise konsortiale Blockchains gelöst werden, da hier die Rechte und Hoheit bei einer oder mehreren zentralen Instanzen fortbestehen bleiben und die Möglichkeit zu einer freien Gestaltung hinsichtlich ihrer Eigenschaften besteht.

2.5 Chancen und Risiken

Auf den ersten Blick erscheint die Blockchain, egal welche Ausprägung betrachtet wird, lediglich als einfache Datenbank. Nur mit dem Unterschied, dass diese nicht zentral auf einem Server gespeichert ist, sondern verteilt auf einer großen Anzahl an teilnehmenden Rechnern. Dies entspricht jedoch nicht dem tatsächlichen Sachverhalt, da sich durch die unvergleichbare Funktionsweise einer Blockchain wie in den vorangegangenen Kapiteln beschrieben, signifikante Chancen, aber auch Risiken und Hindernisse ergeben, welche in den nachfolgenden Kapiteln näher beleuchtet werden.

2.5.1 Chancen

Durch den dezentralen Konsens-Mechanismus einer Blockchain, ist die Unumgänglichkeit eines Intermediärs zur korrekten Legitimation von Transaktionen, nicht mehr gegeben. Demnach wird der „single point of failure" einer zentralen Instanz excludiert, da die Konsensfindung durch eine Vielzahl an Akteuren stattfindet. Dies ist ein signifikanter Vorteil der Blockchain-Technologie. Aufgrund der dezentralen Gemeinschaft und Konsensfindung bildet sich eine Vertrauensinstanz. Wodurch die Blockchain, für sich einander nicht bekannten Parteien, Vertrauen schaffen kann. Des Weiteren wird durch den Konsens-Mechanismus Datenintegrität und Manipulationssicherheit gewährleistet und „double spending" kann verhindert werden. Durch die manipulationssichere und öffentlich einsehbare Datenbank bzw. distributed ledger ist Transparenz gewährleistet, währenddessen Pseudonymisierung durch asymmetrische Verschlüsselung weiterhin ermöglicht wird.

Nicht außer Acht zu lassen ist der hohe Grad an Automatisierung, welcher durch die in **Kapitel 2.2.4** genannten Smart Contracts, erreicht werden kann.

Vorteile wie Datensouveränität, Disintermediation, Prozessautomatisierung und die damit einhergehende Kostenreduktion, Sicherheit, Transparenz und Anonymität kann durch die Blockchain-Technologie und ihrer dezentralen Gemeinschaft, welche als Vertrauensinstanz fungiert, ermöglicht werden. Bereits nach dieser kurzen Darlegung der Chancen wird ersichtlich, dass die Blockchain mit all ihren technologischen Besonderheiten erhebliches Potenzial in vielen Bereichen bieten kann. /BBEV-01 17/

2.5.2 Risiken

Neben all den Möglichkeiten, die sich durch die Blockchain-Technologie ergeben, existieren noch viele Herausforderungen, welche es, bei dieser noch recht jungen Technologie, zu bewerkstelligen gilt.

Die in diesem Jahr (Mai 2018) inkrafttretende Datenschutz-Grundverordnung (EU-DSGVO) berührt unter anderem durch das Recht auf Löschung („Recht des Vergessenwerden") eine wesentliche Eigenschaft der Blockchain, da das Löschen einzelner Daten und Blöcke nicht möglich ist. *„Die betroffene Person hat das Recht, von dem Verantwortlichen zu verlangen, dass sie betreffende personenbezogene Daten unverzüglich gelöscht werden.* (...)" /EU-11 16/ Genauso können Probleme im Bezug auf die Haftung und Gerichtsbarkeit entstehen, da im Falle eines Schadens aufgrund der fehlenden zentralen Instanz keine direkte Konfliktregelung erfolgen kann /EMEA-01 17/. Hier wird schnell ersichtlich, dass in diesem Bereich eine geschlossene Blockchain große Vorteile mit sich bringt.

Eine weitere vor allem in den Medien propagierte Limitation ist der hohe Energieverbrauch einer Blockchain, durch den zur Konsensfindung eingesetzten PoW Konsens-Mechanismus und den damit verbundenen hohen Rechenaufwand. Allein für das Bitcoin-Netzwerk wurde ein Gesamtstromverbrauch von circa 15 TWh im Jahr 2017 ermittelt. Dies entspricht in etwa dem Gesamtjahresverbrauch von Staaten wie Kroatien oder Jordanien /BDEW-101 17/. Dieser Limitation kann jedoch durch die Verwendung von bereits bekannten Konsens-Mechanismen wie beispielsweise Proof-of-Stake oder Proof-of-Authority entgegengewirkt werden, welche eine ressourcenschonende Alternative darstellen.

Die begrenzte Skalierbarkeit stellt einen aktuell weiteren limitierenden Faktor da. Eine begrenzte Blockgröße beschränkt die Anzahl an Transaktionen, die pro Sekunde abgewickelt werden können, wohingegen größere Blöcke zu größeren Datenmengen und einem erhöhten Speicherbedarf bei den Knoten führen. Durch das ständige Aneinanderreihen der Blöcke zu einer Kette wird der Speicherbedarf kontinuierlich größer. Die aktuell geringe Anzahl an Transaktionen, die pro Sekunde ausgeführt werden können und die daraus resultierende Schnelligkeit, schränkt viele Blockchain-Anwendungen noch stark ein. Hier wird bereits unter Hochdruck an Updates gearbeitet, welche die Skalierbarkeit wesentlich verbessern sollen. /AFC-01 16/

Neben der Skalierbarkeit und Regulatorik sowie dem Energieverbrauch ist insbesondere die Interoperabilität von Blockchains untereinander ein Faktor, der die Bedeutung der Technologie maßgebend beeinflussen wird. Damit ist gemeint, dass unterschiedliche Blockchain-System die Fähigkeit zur Zusammenarbeit besitzen. Zum Beispiel ist die Übertragung eines Wertes auf eine andere Blockchain aktuell nur über einen Intermediär möglich. Auch hier wird bereits an unterschiedlichsten Lösungen gearbeitet. /BDEW-101 17/

Dieser kurze Überblick zu den Limitationen zeigt bereits sehr deutlich, dass es noch einen enormen Bedarf an Weiterentwicklungen benötigt, bis die Blockchain-Technologie eine breite Anwendungsreife erreichen wird. Fehlende Standardisierungen und Langzeit-Erfahrungen, sowie regulatorische Aspekte erschweren es zusätzlich, qualitative Vorhersagen zur Entwicklungen der Technologie zu treffen.

2.6 Coins und Token

Derzeit werden über 1.500 Kryptowährungen mit einer gesamten Marktkapitalisierung von rund 279,5 Mrd. € (Stand April 2018) gehandelt /ROEM-01 18/. In diesem Kapitel wird ein kurzer Überblick über die aktuell bekanntesten Kryptowährungen und deren Besonderheiten gegeben.

Tabelle 2-1: *Bekannte Kryptowärhungen (Eigene Darstellung, Quelle: /HILE-01 17/)*

Logo	Name	Kurzbeschreibung
	Bitcoin	Erste funktionsfähige Kryptowährung
	Ethereum	Erste Kryptowährung mit Smart Contracts. Blockchain-Plattform u. a. für ICO
ripple	Ripple	Blockchain für den Austausch v. a. zwischen Banken
	IOTA	Distributed Ledger auf Basis eines DAG (Tangle) für IoT-Interaktion
	Monero, ZCash, Dash	Kryptowährungen mit starkem Fokus auf Anonymität
CARDANO	Cardano	Erstellung und Ausführung von dezentralen Anwendungen und Verträgen auf Basis funktionaler Programmierung
nem	NEM, NEO	Digitale Anwendungsplattform mit Smart Contracts

Bitcoin ist die erste funktionsfähige Kryptowährung und Blockchain-Anwendung. Ethereum ist die erste Blockchain auf welcher Smart Contracts eingesetzt werden und dient als eine Blockchain-Plattform u.a. für Initial Coin Offerings (ICO). Die Kryptowährunge Ripple wurde speziell für den Austausch zwischen Banken entwickelt wohingegen IOTA auf einer Abwandlung der Grundidee hinter Blockchain basiert und Interaktionen zwischen Maschinen ermöglichen soll. Währungen wie Monero, ZCash und Dash legen besonderen Wert auf die Anonymität der Benutzer und verwenden hierfür verschiedenste Verschleierungs-Mechanismen. Die Entwickler von Cardano wollen mit ihrer Technologie die Erstellung und Ausführung von dezentralen Anwendungen auf Basis funktionaler Programme ermöglichen und dabei bereits eng mit Regulierungsbehörden zusammenarbeiten. Eine Anwendungsplattform mit Smart Contracts für den Austausch von digitalen Werten stellt New Economy Movement (NEM) und NEO dar. /HILE-01 17/

Dieser kurze Abriss soll zeigen, dass es eine Vielzahl an Kryptowährungen gibt, diese jedoch aber oftmals nicht miteinander vergleichbar sind, da sie für die verschiedensten Einsatzmöglichkeiten entwickelt wurden. Auch hier ist nicht abzusehen, welche Währungen bzw. Technologien sich langfristig durchsetzen und das Potenzial für signifikante Einsatzmöglichkeiten bieten werden. So ist es auch denkbar, dass für energiewirtschaftliche Prozesse bereits bekannte Coins bzw. Tokens verwendet werden oder aber auch speziell für die entsprechende Anwendung ein eigener Coin entwickelt wird.

2.7 Fazit

Abschließend werden in diesem Kapitel noch einmal die wesentlichsten Punkte der Blockchain herauskristallisiert.

Die Blockchain-Technologie ermöglicht es Transaktionen ohne einen Intermediär sicher durchzuführen und diese manipulationssicher auf einer Vielzahl an Rechnern, ähnlich eines verteilten Kassenbuchs, abzuspeichern. Von fundamentaler Bedeutung für das

Funktionieren der Blockchain sind technologische Errungenschaften in den Bereichen des Hashings, Kryptographie und verteilten Datenbanksystemen aus der Vergangenheit. Darüber hinaus kann der Einsatz von Smart Contracts auf einer Blockchain zu einer hohen Automatisierung von Geschäftsprozessen führen und diese wesentlich beschleunigen /DENA-06 16/.

Die größten Herausforderungen, denen sich die Blockchain-Technologie aktuell gegenübergestellt sieht sind aus technischer Sicht die Skalierbarkeit, Schnelligkeit und Interoperabilität. Aus regulatorischer und rechtlicher Sicht ergeben sich aktuell noch große Unklarheiten im Bezug auf die Datenschutzgrundverordnung der EU und die fehlende Verantwortlichkeit in einem dezentralen System.

Als weitere Grundlage, um die in **Kapitel 4** untersuchten Blockchain-basierten Use-Cases verstehen zu können, werden nachfolgend wesentliche Grundstrukturen des Energiemarktes erklärt.

3 Netzregelverbund und Regelenergiemarkt

In diesem Kapitel wird zunächst die Struktur des europäischen und deutschen Netzregelverbundes und die verantwortlichen Akteure, welche mit der behandelten Thematik in Zusammenhang stehen, vorgestellt. Darauf aufbauend erfolgt eine Erläuterung, der den Übertragungsnetzbetreibern zur Verfügung stehenden Regelenergieprodukte, welche im Falle eines Ungleichgewichts zwischen Einspeisung und Verbrauch abgerufen werden können. Diese Regelenergieprodukte bzw. der Regelenergiemarkt stellen die Basis für die in dieser Arbeit behandelten Einsatzmöglichkeiten dar.

3.1 Europäisches Verbundnetz

Eine Besonderheit der Stromsysteme ist, dass sie voneinander völlig unabhängig betrieben werden. Demnach existiert ein europäisches Stromsystem, das sich in mehrere bzw. vier Verbundsysteme untergliedert. Deutschland und viele weitere europäische Länder bilden das zentraleuropäische Verbundnetz, welches auf Höchst- und Hochspannungsebene sehr engmaschig miteinander verknüpft ist. Dieses Verbundsystem ist ein sogenanntes Wechselstromsystem, dies ist insbesondere dadurch gekennzeichnet, dass alle Erzeuger und Verbraucher innerhalb dieses Verbundes synchron betrieben werden, sprich Netzfrequenz und Phasenlage sind exakt gleich. Die Gleichgewichtsfrequenz hat einen Sollwert von 50 Hz. Um dieses Gleichgewicht in dem Verbundsystem aufrecht zu halten, muss die Summe der im Gesamtnetz erzeugten elektrischen Energie zu jedem Zeitpunkt der Summe der entnommenen Energie entsprechen. Hierfür ist das Verbundsystem in verschiedene Regelzonen aufgeteilt.

3.2 Deutscher Netzregelverbund (NRV)

Für die vier großen Netzgebiete in Deutschland ist jeweils einer der Übertragungsnetzbetreiber (ÜNB) Amprion, TenneT, TransnetBW und 50Hertz verantwortlich. Die geographische Aufteilung der Regelzonen ist in **Abb. 3-1** ersichtlich.

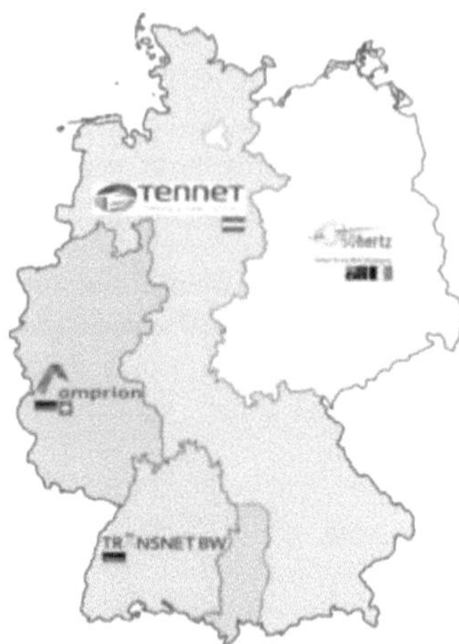

Abbildung 3-1: *Regelzone Deutschland (Quelle: /WIKI-02 12/)*

Die Aufgabe der Übertragungsnetzbetreiber ist ein *„sicheres, zuverlässiges und leistungsfähiges Energieversorgungsnetz diskriminierungsfrei zu betreiben, zu warten und bedarfsgerecht zu optimieren, zu verstärken und auszubauen.“* (§ 11, EnWG) Um diese Aufgabe zufriedenstellend zu erfüllen erbringen die Übertragungsnetzbetreiber Systemdienstleistungen, die die Qualität der Stromversorgung maßgeblich beeinflussen. Die bedeutensten Systemleistungen sind dabei:

- Betriebsführung
- Frequenzerhaltung
- Spannungshaltung
- Versorgungswiederaufbau

Die Aufgabe der Frequenzerhaltung kann durch eine gewissen Auswahl an Regelenergieprodukten bewerkstelligt werden, hierdurch kann die Netzstabilität des Gesamtsystems in einem verträglichen Rahmen von 50 Hz gehalten werden. Grundlegende gesetzliche Rahmenbedingungen für den Einsatz von Regelenergieprodukten sind im Energiewirtschaftsgesetzt (EnWG) sowie in der Stromnetzzugangsverordnung (StromNZV) enthalten. Dadurch werden den Übertragungsnetzbetreibern Vorgaben zur Beschaffung, Erbringung und Verrechnung von Regelleistung vorgeschrieben. Ergänzend zu den gesetzlichen Rahmenbedingungen gibt es den Transmission Code (2007) der deutschen ÜNB, welcher Anforderungen festlegt, die durch die technischen Anlagen erfüllt und nachgewiesen werden müssen, um Regelleistung erbringen zu können (siehe **Kapitel 4.1**). /CON-01 14/

Um die Netzfrequenz möglichst konstant und somit im Gleichgewicht zwischen Erzeugung und Verbrauch zu halten, ist jede Regelzone zusätzlich in Bilanzkreise (BK) eingeteilt. Ein solcher Bilanzkreis wird von einem Bilanzkreisverantwortlichen (BKV) verwaltet, sodass der Saldo seines Bilanzkreises in jeder Abrechnungsperiode ausgeglichen ist. Hierfür werden Lastprognosen seiner Verbraucher erstellt und dementsprechend durch Einspeisungen aus eigenen Kraftwerken oder dem Einkauf von

Stromprodukten möglichst genau ausgeglichen. Kommt es trotz dieser Schritte zu einem Ungleichgewicht, ist es die Aufgabe des ÜNB dieses durch den Einsatz von Regelenergie auszugleichen (siehe **Kapitel 4.3**).

Damit eine möglichst kostenoptimale Beschaffung der Regelleistung erfolgt, beschaffen sich die vier ÜNB die Regelleistungsprodukte durch einen Ausschreibungswettbewerb über das gemeinsame Internetportal www.regelleistung.net.

3.3 Regelenergie

Kommt es zu einer Frequenzabweichung können drei unterschiedliche Regelenergieprodukte sukzessiv abgerufen werden. Diese sind abhängig von Leistungsgradienten und Einsatzzeiten in **Abbildung 3-2** dargestellt. Es wird dabei zwischen positiver und negativer Regelenergie unterschieden. Bei einer erhöhten Stromnachfrage wird positive Regelenergie benötigt. In diesem Fall ist eine zusätzliche Einspeisung von Energie ins Netz notwendig. Folglich benötigt der Netzbetreiber negative Regelenergie, wenn ein Leistungsüberschuss im Netz vorliegt. Zuerst wird die Primärregelleistung abgerufen, um das Netz schnell zu stabilisieren. Anschließend wird diese durch die Sekundärregelleistung abgelöst und im weiteren Verlauf durch die Minutenregelleistung unterstützt. Technische und organisatorische Voraussetzungen einer Anlage, um am Regelenergiemarkt teilnehmen zu können, sind im Transmission Code (2007) detailliert erläutert. In den folgenden Abschnitten wird ein Überblick über die einzelnen Regelleistungsprodukte gegeben.

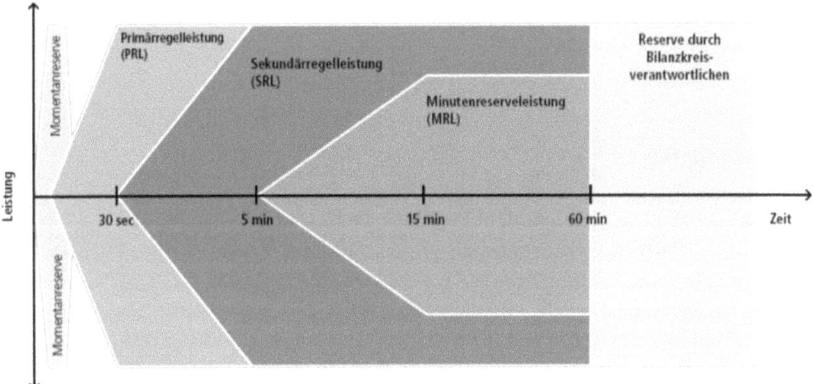

Abbildung 3-2: *Abrufreihenfolge der Regelleistungsprodukte (Quelle:/REWAG-01 18/)*

3.4 Primärregelleistung (PRL)

Für eine möglichst schnelle Stabilisierung der Netzfrequenz nach einem Störereignis wird die Primärregelreserve eingesetzt. Um nun einen schnellen Ausgleich zu ermöglichen erfolgt die Aktivierung nicht durch den ÜNB sondern automatisch basierend auf Frequenzmessungen über Proportionsregler. Dies bedeutet, dass der Abruf proportional zur Abweichung der Netzfrequenz von ihrem Sollwert erfolgt. Hierfür muss ein Leistungsband von mindestens 2 MW durchfahren werden können. Im Falle eines Abrufes muss die Leistung vollständig innerhalb von 30s zur Verfügung stehen und 15 Minuten aufrecht erhalten werden können. Diese Leistungserbringung muss nach einer 15 minütigen Pause nochmals gewährleistet werden können. /CON-01 14/

3.4.1 Sekundärregelleistung (SRL)

Ablösend für die Primärregelleistung kommt die Sekundärregelleistung zum Einsatz. Diese hat einen Aktivierungszeitraum von 5 Minuten bei einer Mindestgröße von 5 MW und wird automatisch durch einen Leistungs-Frequenz-Regler aktiviert. Hier erfolgt eine Differenzierung in positive und negative SRL, wobei hier keine symmetrische Verteilung notwendig ist. /CON-01 14/ Für diese beiden Produkte erfolgt eine separate und wöchentliche Ausschreibung durch die ÜNB. Wobei die Beschlusskammer 6 der Bundesnetzagentur beschlossen hat, dass zum 12.07.2018 das SRL-Ausschreibungsverfahren von wöchentlicher auf kalendertägliche mit vortägiger Beschaffung umgestellt wird. Obendrein werden ähnlich der Minutenregelleistung Produktzeitscheiben von sechs Zeitscheiben je 4 Stunden eingeführt. Somit werden die Ausschreibungsbedingungen von SRL und MRL weitestgehend vereinheitlicht. /BNETZA-01 09/

3.4.2 Minutenregelleistung (MRL)

Die dritte Form der Regelleistung ist die Tertiärregelleistung oder auch Minutenregelleistung. Auch hier wird in positive und negative MRL unterschieden und eine Mindestangebotsgröße von 5 MW gefordert. Jedoch anders als bei der SRL wird diese täglich ausgeschrieben und untergliedert sich in je sechs Zeitscheiben von je 4 Stunden, welche nach 15 Minuten in voller Höhe bereitstehen müssen. Seit 2012 wird die Minutenregelleistung elektronisch über den Merit-Order-Listen-Server (MOLS) abgerufen. /CON-01 14/

3.4.3 Vergütung

Durch das Vorhalten und Bereitstellen von Regelleistung entstehen Kosten. So wird für alle Regelleistungsprodukte für das Vorhalten von Regelleistung ein Leistungspreis, von Seiten des ÜNB an den Regelleistungsanbieter, bezahlt. Diese durch die Leistungsvorhaltung entstandenen Kosten werden gleichermaßen auf alle Verbraucher über die Netznutzungsendgelte umgelegt. Darüber hinaus werden SRL und MRL durch einen Arbeitspreis vergütet, welcher für die tatsächlich in Anspruch genommene Energie gezahlt wird. Hieraus kann je nach Vorzeichen der Regelenergie und des Arbeitspreises eine Zahlung des ÜNB an die Anbieter oder umgekehrt resultieren. Diese Verrechnung wird in Deutschland über den sogenannten Ausgleichsenergiemechanismus abgewickelt, welcher zum Ziel hat die entstandenen Kosten auf die Verursacher des Regelleistungsabrufes umzuwälzen. /CON-01 14/

Ein kurzes Beispiel soll die für zwei Regelleistungsanbieter mögliche Vergütung illustrieren:

Tabelle 3-1: *Beispiel Vergütung*

SRL	Anbieter A	Anbieter B
Vorgehaltene	20 MW	40 MW
Leistungspreis	15 €/MW	20 €/MW
Arbeitspreis	80 €/MWh	110 €/MWh
Abgerufene	8 MW	0 MW
Abruf-Dauer	30 Minuten	0 Minuten

Hieraus würden für die Anbieter der Regelleistung folgende Erlöse resultieren:

Anbieter A: 15 €/MW * 20 MW + 80 €/MWh * 8 MW * 0,5h = 620 €

Anbieter B: 20 €/MW * 40 MW + 110 €/MWh * 0 MW * 0 h = 800 €

Durch dieses Beispiel wird ersichtlich, dass Anbieter von Regelleistung auch Gewinne ohne einen Leistungsabruf erlösen können. Dies führt dazu, dass die Anbieter bei den Ausschreibungsverfahren unterschiedliche Strategien verfolgen. Zum einen ist es möglich den tatsächlichen Abruf der eigenen Anlage bzw. Anlagen durch einen hoch angesetzten Arbeitspreis zu verhindern und Gewinne über den Leistungspreis zu realisieren. Anders ist es auch möglich den Zuschlag zu erhalten, wenn der Leistungspreis sehr klein oder bei null angesetzt wird und die Erlöse über den Arbeitspreis erzielt werden. /ÜNB-09 18/

Abschließend erfolgt in **Tabelle 3-2** eine zusammenfassende Darstellung der drei Regelleistungsprodukte.

Tabelle 3-2: *Regelleistungsprodukte (Eigene Darstellung, Quelle: /ÜNB-09 18/)*

	PRL	SRL	MRL
Ausschreibungsfrequenz	wöchentlich	wöchentlich	täglich
Ausschreibungszeitpunkt	Dienstags in der Vorwoche	Mittwochs in der Vorwoche	Mo-Fr am Vortag
Produktdifferenzierung	Eine Ausschreibung (pos. und neg. Reserve)	Separate Ausschreibung positiver und negativer Reserve	
Lieferzeitraum	Wochenkontrakt	Zwei Wochenkontrakte	Sechs 4-Stundenblöcke
Mindestgröße	1 MW	5 MW	5 MW
Vergütung	Leistungspreis	Leistungs- und Arbeitspreis	

4 Blockchain in der Energiewirtschaft anhand ausgewählte Use-Cases

In diesem Kapitel werden vier ausgewählte Use-Cases für Blockchain-Anwendungen in der Energiewirtschaft behandelt. Hierfür werden zu Beginn eines jeden Use-Case die energiewirtschaftlichen Grundlagen mit allen beteiligten Akteuren erläutert, um im weiteren Verlauf den möglichen Einsatz einer Blockchain-Lösung in den jeweiligen Bereichen nachvollziehen zu können.

Die meisten praktischen Anwendungsfälle der Blockchain-Technologie sind derzeit sicherlich im Finanzsektor auszumachen. Werden jedoch die spezifischen Eigenschaften der Blockchain, wie Transparenz, Dezentralisierung, Automatisierung, Pseudonymisierung und Manipulationssicherheit, berücksichtigt wird schnell ersichtlich, dass sich mit der Blockchain komplexe Prozesse, in denen viele Parteien mit verschiedenen Interessen involviert sind, optimieren lassen können. Demnach scheint die Blockchain für den Energiesektor prädestiniert zu sein, da komplexe Geschäftsprozesse zwischen einer Vielzahl an Akteuren in Verbindung mit zahlreichen Vertragsbeziehungen herrschen. Die im Energiesektor aktuell wohl bekanntesten Anwendungen der Blockchain-Technologie umfassen die sogenannten Micro-Grids, bei denen PV-Anlagenbesitzer ihren Strom direkt Peer-to-Peer an ihre Nachbarn ohne einem Intermediär verkaufen. Jedoch sollte nicht vergessen werden, dass die Blockchain mehr kann, als nur einen Intermediär zu ersetzen. Es ermöglichen sich auch Anwendungen im Bereich des Datenaustausches aufgrund der manipulationssicheren und automatisierten Speicherung und Übertragung von Daten.

Im Folgenden werden mögliche Blockchain-Anwendungen in den Bereichen des Bilanzkreismanagements, -abrechnungserstellung, Präqualifikation und der Optimierung von Regelleistung betrachtet. Wenngleich noch keine konkreten Einsatzszenarien implementiert und publiziert sind.

4.1 Use-Case Präqualifikation für Regelleistung

In diesem Kapitel soll der Einsatz der Blockchain-Technologie für die Präqualifikation von potenziellen Anbietern für den Regelenergiemarkt untersucht werden. Hierfür wird zuerst das Präqualifikationsverfahren vorgestellt, um nachfolgend die Verwendung der Technologie in diesem Bereich darstellen zu können. Anschließend werden mögliche Potenziale aufgezeigt.

4.1.1 Präqualifikationsprozess

Für die Teilnahme am Regelleistungsmarkt müssen sich potenzielle Anbieter einem Präqualifikationsverfahren unterziehen, bei welchem gewisse Mindestanforderungen zu erfüllen sind. U.a. muss ein Beweis erbracht werden, dass ihre Technische Einheit (TE) den hohen Qualitätsanforderungen der Leistungserbringung entspricht.

Prinzipiell kann sich jeder Betreiber einer Erzeugungsanlage für eine oder mehrere Regelenergiearten bei demjenigen ÜNB, in dessen Regelzone seine Technische Einheit netztechnisch angeschlossen ist, präqualifizieren lassen. Diese Präqualifikation ist jederzeit möglich und kann bis zu zwei Monate in Anspruch nehmen und ist

Voraussetzung, um an den Ausschreibungen für die jeweiligen Regelenergiearten teilnehmen zu dürfen. /HERTZ-01 18/ Hierfür müssen neben technischen Anforderungen wie beispielsweise Nennleistung, Maximal- und Minimalleistung der Anlage auch eine ordnungsgemäße Erbringung der Regelleistung unter betrieblichen Bedingungen gewährleistet sein. /CON-01 14/ Ein besonderer Hauptaugenmerk, bei der Überprüfung einer Anlage, liegt auf der Doppelhöckerkurve (siehe **Abb. 4-1**). Diese ergibt sich durch die Messung des Leistungsgradienten einer Anlage. Hierbei wird überprüft, ob die Anlage den zeitlichen Reaktionskriterien des Regelenergiemarktes, welche in **Kapitel 3.4** beschrieben sind, gerecht wird. Dazu wird die Anlage im Falle der MRL innerhalb von 15 Minuten heruntergefahren und anschließend innerhalb von 15 Minuten wieder hochgefahren. Bei Anlagen die SRL erbringen wollen muss dieses Hoch- und Runterfahren innerhalb von 5 Minuten gewährleistet werden können. Dieser Test erfolgt meist zweimal innerhalb einer Stunde. /NEX-02 13/

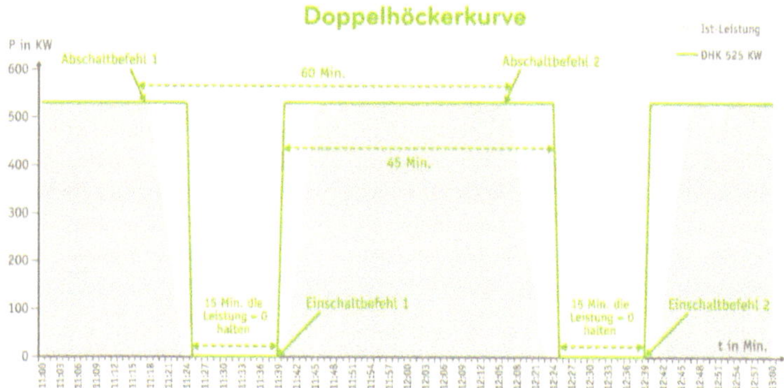

Abbildung 4-1: *Darstellung Doppelhöckerkurve (Quelle: /NEX-02 13/)*

Die gemeinsamen verbindlichen Anforderungen sind im Transmission Code der deutschen ÜNB beschrieben. Darüber hinaus sind auf den Internetseiten der jeweiligen ÜNB deren spezifische Anforderungen veröffentlicht. Zusätzlich gibt die Bundesnetzagentur Marktregeln für die verschiedenen Regelleistungssegmente vor. In der Regel über die Bilanzkreisführung des BKV wird sichergestellt, dass ein Abruf von Regelleistung keinen Einfluss auf die Systembilanz zu einem späteren Zeitpunkt hat. Des Weiteren hat der Präqualifikant eine Bestätigungserklärung des Anschlussnetzbetreibers vorzulegen, mit der dieser bestätigt, dass die Regelleistung in seinem Netz transportiert werden kann. Um nun endgültig an den Ausschreibungen teilnehmen zu können müssen die Anbieter mit den jeweiligen Bezieher-ÜNB einen Rahmenvertrag zur Vorhaltung und Erbringung von Regelenergie abschließen. Darin verpflichtet sich der Präqualifikant alle im Zuge der Präqualifikation zugesicherten Leistungen zu erbringen. Ergänzend werden alle technischen, administrativen und operativen Randbedingungen in einem Rahmenvertrag geregelt. /BNE-01 16/

Zusammenfassend bleibt festzuhalten, dass durch das Präqualifikationsverfahren Anbieter den Nachweis erbringen, dass sie die Anforderungen für die unterschiedlichen Regelenergiearten zur Gewährleistung der Versorgungssicherheit erfüllen. Neben der technischen Quantifizierung der Leistung für einen bestimmten Aktivierungszeitraum wird bei der Präqualifikation auch die richtige leit- und kommunikationstechnische Anbindung der Anlage getestet. Für den gesamten Präqualifikationsprozess fallen von Seiten der ÜNB keine Gebühren an. /HERTZ-01 18/

4.1.2 Einsatz Blockchain-Technologie

Der vorherige Abschnitt hat bereits gezeigt, welcher Aufwand hinter der Präqualifikation eines Anbieters und dessen Anlage steckt. Insgesamt stieg in Deutschland die Anzahl der präqualifizierten Anbieter in der Periode von 2013 bis 2017 bei der Primärregelung von 14 auf 24, bei der Sekundärregelung von 20 auf 37 und bei der Minutenregelung von 36 auf 52 an. Der gesamte Präqualifikationsprozess inklusive Anmeldung, Prüfung und Zulassung ist sehr zeitintensiv und nimmt bis zu zwei Monate in Anspruch. /BNETZA-01 17/ Wird dieser automatisiert über die Blockchain abgewickelt kann er direkt erfolgen und bietet die Möglichkeit, dass sich weiterhin zusätzlich Anbieter für den Regelleistungsmarkt präqualifizieren lassen.

Der in diesem Kapitel durchlaufene Prüfprozess (siehe **Abb. 4-2**) stellt eine Hilfe dar, um herauszufinden ob die Präqualifikation einer Anlage bzw. Anbieters ein potenzieller Blockchain Use-Case ist oder eine alternative Lösung sinnvoller wäre. Dabei wird der Datenaustausch, die beteiligten Akteure und deren Vertrauen untereinander sowie der zeitliche Verzug überprüft.

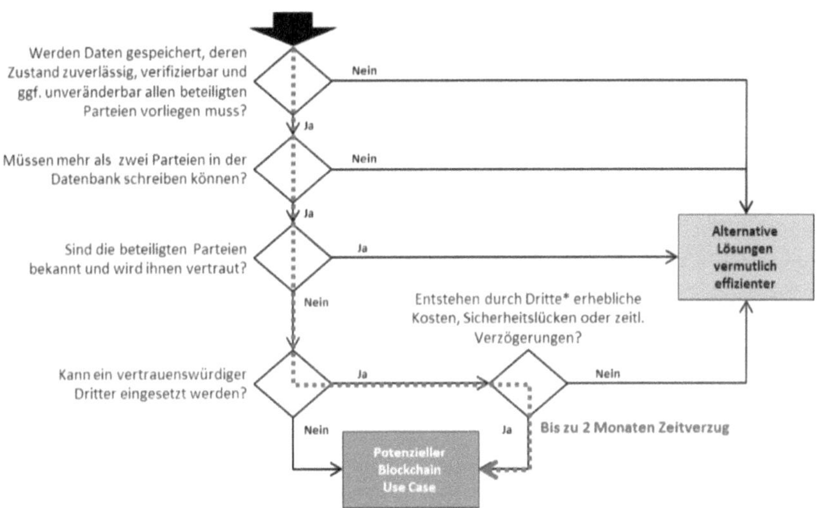

Abbildung 4-2: *Einsatz einer Blockchain bei der Präqualifikation (Eigene Darstellung)*

Bei der Präqualifikation wird nicht nur die Technische Einheit sondern auch der Anbieter überprüft. Hierbei ist auch entscheidend, ob der Anbieter ganz neu auftritt oder weitere Technische Einheiten seinem Pool hinzufügen möchte. Dies nimmt Einfluss auf die Ausprägung nachfolgender Aspekte, die überprüft werden /HERTZ-01 18/:

- Anbieterunternehmen (Geschäftspartnerprüfung)
- IT-technische Anbindung des Anbieter Pools an den ÜNB

- Poolmanagement des Anbieters: technische und organisatorische Konzepte
- IT-technische Anbindung der einzelnen TE an die Poolsteuerung des Anbieters
- Poolmanagement des Anbieters: Pool-/Kraftwerkseinsatzplanung
- Vorhalte- und Erbringungskonzepte für die einzelnen TE
- Vereinbarung mit Netzbetreiber und Bilanzkreisverantwortlichen

Diese im Zuge der Präqualifikation erfassten und gespeicherten Daten sollten dem Bezieher-ÜNB und dem jeweiligen Anbieter zuverlässig vorliegen. Überdies sollte in die Datenbank von allen Anbietern und auch den ÜNB geschrieben werden können, wobei von den einzelnen Anbietern die spezifischen Informationen der anderen Anbieter aus markt- und datenschutzrechtlichen Gründen nicht einsehbar sein sollten. Somit sind sich die beteiligten Parteien untereinander nicht bekannt und es wird ihnen nicht vertraut. Aktuell treten die ÜNB als vertrauenswürdige zentrale Partei auf und wickeln den gesamten Präqualifikationsprozess von der Antragsstellung bis zur Freigabe über das Portal pq-portal.energy ab. Durch die Überprüfung aller relevanten Aspekte, der anschließenden Erteilung der Präqualifikation mittels der Plattform und der damit verbundenen Aktualisierung des Rahmenvertrages entstehen erhebliche zeitliche Verzögerungen von bis zu zwei Monaten. Daraus ergibt sich ein theoretischer Anwendungsfall für eine private Blockchain, bei der alle beteiligten Anbieter ihre Daten übermitteln können und die ÜNB als Validatoren der Daten und Betreiber der Datenbank fungieren. Daraus kann eine erhöhte Transparenz für alle beteiligten Parteien resultieren, währenddessen eine Einhaltung des Datenschutzes durch eine Pseudonymisierung der anlagen- und anbieterspezifischen Daten gewährleistet wird. Die erhöhte Transparenz gibt den Anbietern die Sicherheit, dass keine Bevorzugung durch den ÜNB stattfindet, da die Anforderungen klar auf der Blockchain hinterlegt sind und somit bei erfüllen der Mindestanforderungen eine Zulassung erteilt wird. Daneben könnten mittels der in **Kapitel 2.2.4** beschriebenen Smart Contracts gewisse Prozessschritte wie etwa die Aktualisierung der Anlage 4 des Rahmenvertrages automatisiert werden. Dies erfolgt aktuell nach Messung und Überprüfung der Anlagedaten manuell /Hertz-01 18/. Durch die damit einhergehende Verkürzung des Präqualifikationsprozesses könnten die Kosten der ÜNB sinken und die Anbieter von Regelleistung könnten mehr Erlöse erzielen. Dies wird im nachstehendem Abschnitt untersucht.

4.1.3 Potenzial

Durch die in **Kapitel 3.3.2** beschriebenen Maßnahmen der Beschlusskammer 6 der Bundesnetzagentur wird der SRL-Markt in Zukunft weiter geöffnet. Dies führt dazu, dass das Ausschreibungsverfahren für viele weitere Technische Einheiten attraktiv wird. Vorweg ist anzumerken, dass die Kosten für ein Präqualifikationsverfahren vom Einzelfall abhängen und sich somit nicht allgemein beziffern lassen. Von Seiten des ÜNB fallen keine Gebühren für den Anbieter an und Kosten, die seitens des Anbieters entstehen sind individuell sehr unterschiedlich. Deshalb lassen sich hier keine genauen Aussagen treffen. /HERTZ-01 18/

Im Folgendem wird auf Seiten der ÜNB der perspektivische Mitarbeiteraufwand für alle Technischen Einheiten, die im 5-Jahresrhythmus erneut präqualifiziert werden müssen errechnet. Auf Seiten der Anbieter werden Potenziale für mögliche Erlöse und Mehreinnahmen durch einen schnelleren Prozess ermittelt.

Ab dem dritten Quartal 2019 beschränkt sich die Gültigkeit der Präqualifikation auf 5 Jahre und muss anschließend erneut durchgeführt werden. Daraus ergeben sich perspektivisch zirka 10.000 Technische Einheiten je Regelleistungsprodukt, welche innerhalb von 5 Jahren neu zu präqualifizieren sind. /HERTZ-01 18/ Unter der Annahme, dass alle Unterlagen zur Präqualifikation vollständig vorliegen dauert es schätzungsweise durch den ÜNB einen halben Tag eine TE zu überprüfen. Für diese Aufgabe wird ein Ingenieur benötigt, da diese Überprüfung ein hohes technisches Verständnis erfordert. Somit kann angenommen werden, dass der zuständige Ingenieur durch einen Tarifvertrag der IG Metall vergütet wird. Unter Berücksichtigung des hohen Durchschnittalters in der Energiewirtschaft von ungefähr 47 Jahren kann mindestens eine Entgeltgruppe von EG 11 mit der Stufe B für Bayern angesetzt werden /ENREL-01 14/. Demnach wird im Folgenden ein Bruttomonatsentgelt von 5.341 € verwendet /ERA-01 18/. Daraus kann abgeleitet werden, dass bei einer 40-Stunden-Woche und der Dauer eines halben Tages zur Überprüfung einer Technischen Einheit, ein Mitarbeiteraufwand von 133,53 € je Einheit entsteht. Somit ergeben sich perspektivisch Lohnkosten von 1,335 Mio. € für die ÜNB zur Präqualifikation von 10.000 Technische Einheiten je Regelleistungsprodukt im 5-Jahresrhythmus.

Als nächstes werden Potenziale auf Seiten des Anbieters betrachtet. Hierfür können historische Angebotsdaten, Zuschlagerteilung und abgerufene Arbeit auf der Plattform regelleistung.net im Detail abgerufen werden. Somit lassen sich statistische Aussagen zu erzielbaren Erlösen treffen.

Zuerst wird das Potenzial im Bereich der Primärregelleistung untersucht. Ein Anbieter hätte im Jahr 2016 bei den Ausschreibungsverfahren für die PRL mit einem Leistungspreis von 1900 €/MW stets einen Zuschlag erhalten, wobei die Leistungspreise auf dem PRL-Markt ein Vielfaches derer auf dem MRL-Markt entsprechen /ÜNB-09 18/. Somit hätte ein Anbieter von 1 MW über 52 Wochen des Jahres mindestens 98.800 € erlösen können. Daraus ergeben sich rund 16.467 € in zwei Monaten, was der Dauer des Präqualifikationsverfahrens entspricht. Hier sollte aber bedacht werden, dass viele Anbieter Leistung im Pool bereitstellen. Demnach befinden sich die einzelnen Technischen Einheiten im kW-Bereich, sodass die Erlöse je Einheit weitaus niedriger sind. Werden die Investitionskosten für die technische Infrastruktur, welche für einen Poolbetrieb notwendig ist, bedacht schmälert dies die Erlöse weiter.

Bei einer etwas exakteren Betrachtung, bei der durch eine Blockchain der Präqualifikationsprozess um mindestens zwei Wochen beschleunigt wird und der Anbieter in beiden Wochen den Zuschlag für eine größere Anlage von 1 MW bei der PRL mit einem durchschnittlichen Leistungspreis von 2.486 € im Jahr 2016 erhält, könnte dieser Erlöse im arithmetischen Mittel von 4.972 € erzielen /ÜNB-09 18/. Es wird sehr deutlich, dass Faktoren wie Zeit, Leistungshöhe und Leistungspreis eine signifikante Rolle spielen, welche Mehrerlöse der Anbieter letztendlich durch ein verbessertes Präqualifikationsverfahren generieren könnte.

Nach der PRL stellt die positive SRL den zweit größten Erlösblock für Anbieter dar. Hierfür wird perspektivisch betrachtet, welche Erlöse einem Anbieter entgehen, wenn er sich alle 5 Jahre neu präqualifizieren muss und dieser Vorgang zwei Monate in

Anspruch nimmt. Im Jahr 2017 wurden rund 45 Mio. € durch Anbieter von positiver SRL durch Leistungsvorhaltung erlöst. Je Ausschreibungsverfahren erhalten im Durchschnitt 328 Anlagen einen Zuschlag. Daraus kann abgeleitet werden, dass ein Erlös von rund 22.866 € in zwei Monaten je Anlage erzielt werden kann. Zu den Erlösen aus der Leistungsvorhaltung können weiter rund 39.888 € hinzuaddiert werden, welche in den zwei Monaten des Präqualifikationsprozesses theoretisch durch den tatsächlichen Abruf von Regelenergie im Durchschnitt erzielbar wären. Dieser Wert kann aus den Erlösen für den Arbeitspreis im Jahr 2017 in Höhe von 78,5 Mio. € und den durchschnittlich 328 Anlagen abgeleitet werden. Demnach entgehen alle 5 Jahre einem Anbieter auf dem positivem SRL-Markt perspektivisch 62.754 € Erlöse je Anlage durch die Neu-Präqualifikation. /ÜNB-09 18/

4.1.4 Zwischenfazit

Im Bereich der Präqualifikation ist eine konsortiale Blockchain-Anwendung durchaus denkbar. Die Vorteile dabei sind hauptsächlich die erhöhte Transparenz, eine anonymisierte Darstellung der Daten und eine weitere mögliche Automatisierung von Prozessschritten. Dabei entstehen für beide Seiten, sowohl den ÜNB als auch den Anbietern, insbesondere Potenziale durch die Umstellung der Präqualifikation auf einen 5-Jahresrhythmus (siehe **Abb. 4-3**). Auf Seiten der ÜNB ist durch eine erhöhte Automatisierung eine Entlastung der Mitarbeit und die damit einhergehende Kostenreduktion von Interesse. Wohingegen die Anbieter infolge eines schnelleren Prüfprozesses Mehrerlöse durch Leistungsvorhaltung und Abruf von Regelenergie erwirtschaften könnten.

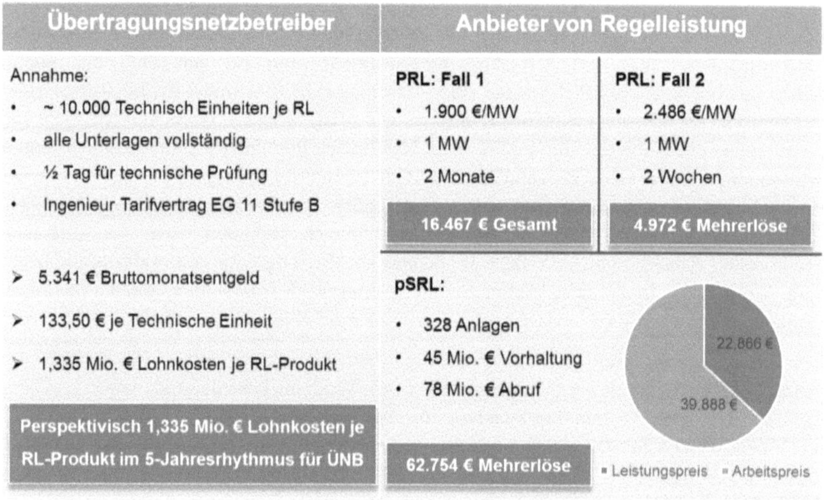

Übertragungsnetzbetreiber

Annahme:

- ~ 10.000 Technisch Einheiten je RL
- alle Unterlagen vollständig
- ½ Tag für technische Prüfung
- Ingenieur Tarifvertrag EG 11 Stufe B

➢ 5.341 € Bruttomonatsentgeld

➢ 133,50 € je Technische Einheit

➢ 1,335 Mio. € Lohnkosten je RL-Produkt

Perspektivisch 1,335 Mio. € Lohnkosten je RL-Produkt im 5-Jahresrhythmus für ÜNB

Anbieter von Regelleistung

PRL: Fall 1

- 1.900 €/MW
- 1 MW
- 2 Monate

16.467 € Gesamt

PRL: Fall 2

- 2.486 €/MW
- 1 MW
- 2 Wochen

4.972 € Mehrerlöse

pSRL:

- 328 Anlagen
- 45 Mio. € Vorhaltung
- 78 Mio. € Abruf

22.866 €

39.888 €

▪ Leistungspreis ▪ Arbeitspreis

62.754 € Mehrerlöse

Abbildung 4-3: *Überblick Potenziale Präqualifikation (Eigene Darstellung)*

4.2 Use-Case Optimierung von Regelleistung

Die Vorhaltung von Regelleistung erfolgt im heutigen System aufgrund von gewissen Annahmen auf Basis von Informationsmangel. Dabei muss Regelleistung u.a. die Erzeugungs- und Verbrauchsdisparitäten ausgleichen und den Ausfall von Großkraftwerken abfangen. In diesem Kapitel soll untersucht werden, ob durch eine Blockchain-Anwendung und die damit verbundene erhöhte Transparenz in Erzeugung und Verbrauch durch Echtzeitdaten die Vorhaltung von Regelleistung optimiert und dadurch Kosten gespart werden können.

4.2.1 Einsatz Blockchain-Technologie

Die Dimensionierung der vorzuhaltenden Primärregelreserve für die Übertragungsnetzbetreiber erfolgt durch den Verband Europäischer Übertragungsnetzbetreiber (ENTSO-E) und ist im Continental Europe Operation Handbook geregelt. Darin ist die im gesamten Gebiet vorzuhaltende Primärregelreserve mit 3000 MW festgelegt. Dieser Wert resultiert aus der maximalen Größe von Kraftwerksblöcken im Gesamtgebiet von ca. 1500 MW, da die ENTSO-E ein Ausregeln eines zeitlich sehr nah beieinanderliegenden Ausfalls zwei solcher Kraftwerksblöcke vorschreibt. Die vorzuhaltende Primärregelreserve von 3000 MW wird anteilig auf die ÜNB der Länder, entsprechend dem Verhältnis der Erzeugung in deren Regelzone zur Gesamterzeugung im ENTSO-E Verbund, verteilt und jeweils für das Folgejahr festgelegt. Die PRL wird somit solidarisch erbracht und Regeln hierzu können nicht von einzelnen ÜNB verändert oder missachtet werden. /CONSENTEC-02 08/ Dadurch wird schnell ersichtlich, dass eine Optimierung bei der Vorhaltung der Primärregelreserve durch Echtzeitdaten mittels einer Blockchain nicht möglich ist, da in Zukunft beispielsweise in Frankreich weiterhin große Kraftwerksblöcke am Netz hängen und somit eine Dimensionierung der PRL von 3000 MW bestehen bleiben wird /DENA-02 14/. Hier müsste das gesamte Konzept einen Veränderungsprozess durchlaufen, sodass die Echtzeitdaten über eine Blockchain zu einer Optimierung führen können.

Anders als bei der PRL wird die SRL und MRL nicht von der ENTSO-E sondern von allen vier ÜNB gemeinsam für das deutsche Netzgebiet dimensioniert. Für das zweite Quartal 2018 ergab sich für die positive SRL 1876 MW und für die negative SRL 1820 MW und die MRL-Bedarfe änderten sich auf 1419 MW bei der positiven und auf 991 MW bei der negativen /ÜNB-09 18/. Das verwendete Dimensionierungsverfahren beruht auf dem Ansatz der Faltung von Wahrscheinlichkeitsdichteverteilungen und berücksichtigt verschiedenste Ursachen, die zu einem Bilanzungleichgewicht führen können, wie Kraftwerksausfälle, Lastprognosefehler und Fahrplansprünge /CONSENTEC-02 08/. Um hier durch eine Blockchain-Anwendung eine Verbesserung der Reserveregelleistung erzielen zu können, müsste jeder Teilnehmer an die Blockchain angeschlossen sein was die Komplexität enorm erhöhen und zu steigenden Kosten führen könnte. Ebenso ist damit eine vollständige Digitalisierung aller teilnehmenden Anlagen verbunden, was eine kostenintensive Investition erforderlich macht. Aus der **Abb. 4-4** geht sehr deutlich hervor, dass die Kosten für die Leistungsvorhaltung in den letzten Jahren stetig abgenommen haben. Ein Grund hierfür sind die kontinuierlich sinkenden Leistungspreise, welche bei den Ausschreibungsverfahren erzielt werden. Dies ist insbesondere auf die steigende Anzahl an Teilnehmern zurückzuführen. Ein weiterer

Grund ist der Rückgang an vorzuhaltender Leistung, um zirka 19 % zwischen den Ausschreibungsperioden von 2013 und 2017. Dies zeigt, dass die zur Bestimmung der Leistungsvorhaltung verwendeten Methoden bereits sehr genau sind und eine weitere Optimierung durch eine Blockchain aus Sicht der Kosten nicht mehr viel Potenzial bietet. /BNETZA-01 17/

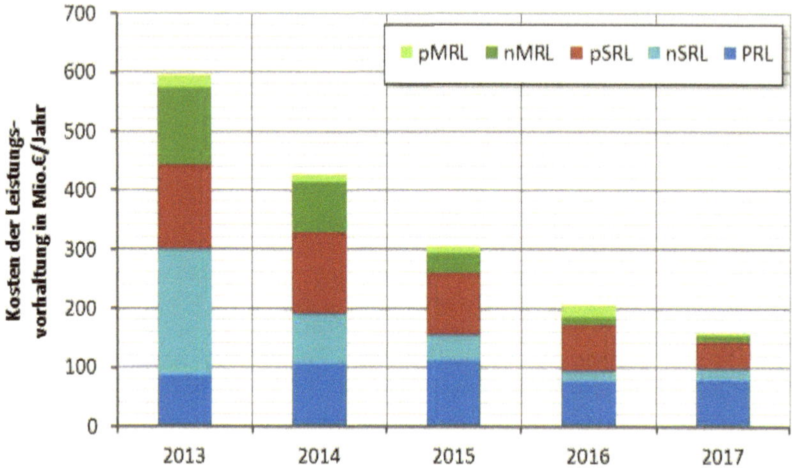

Abbildung 4-4: *Kosten Leistungsvorhaltung (Eigene Darstellung, Quelle: /ÜNB-09 18/)*

Weitere Hindernisse, welche bei diesem Use-Case gegen den Einsatz einer Blockchain sprechen ergeben sich im Bereich der Regulatorik und Gerichtsbarkeit. Eine Optimierung durch Automatisierung des Abrufes von Regelleistung ist insofern nicht realisierbar, da dieser als eine Art letzter Rettungsanker, bevor es zu einem Zusammenbruch des Stromnetzes kommt, gesehen werden kann. Hier führt an den ÜNB und der Bundesnetzagentur als zentrale und verantwortliche Stelle kein Weg vorbei. Kommt es beispielsweise bei der Echtzeitdatenerfassung und -übermittlung oder bei dem automatisierten Abruf über Smart Contracts zu Diskrepanzen könnte dies zu einem Kollaps der Netzfrequenz und damit einhergehend beachtlichen wirtschaftlichen Schäden führen. In diesem Fall müssen die Verantwortlichkeiten eindeutig geklärt sein.

4.2.2 Zwischenfazit

Es wird ersichtlich, dass die Implementierung einer Blockchain-Anwendung zur Optimierung von Regelleistung unter vielen Gesichtspunkten schwer umsetzbar ist. Hierfür müssten bereits bewährte Strukturen verworfen und ein neues ungetestetes Konzept entwickelt werden. Zum einen wird sich voraussichtlich bis in das Jahr 2030 keine Änderung der vorzuhaltenden PRL in Höhe von 3000 MW ergeben. Zum Anderen wäre es ein immenser Aufwand die SRL und MRL durch Echtzeitdaten zu verbessern, da hierfür alle Teilnehmer an die Blockchain angeschlossen sein müssten, um letztendlich eine geringe Verbesserung der vorzuhaltenden Leistung zu erzielen. Des Weiteren wird die vorzuhaltende Regelleistung bereits durch aufwändige Berechnungsverfahren sehr genau bestimmt. Darüber hinaus gibt es im Bereich der

Regulatorik und Gerichtsbarkeit erhebliche Hindernisse, da der Regelleistungsabruf ein hochriskantes und streng reguliertes Feld darstellt. Somit würde die Blockchain bei diesem Use-Case lediglich durch erhöhte Transparenz und eine manipulationssichere Darstellung der Echtzeitdaten einen Mehrwert liefern, wobei es auch hier unter aktuellen technischen Aspekten schwer werden dürfte Echtzeitdaten schnell genug zu validieren und übermitteln.

4.3 Use-Case Bilanzkreismanagement und -abrechnung

Der Ausgleich und die Abrechnung von Bilanzkreisen ist ein langwieriger Prozess, der in der Regel bis zu 8 Wochen in Anspruch nimmt. Dabei müssen Bilanzkreisabweichungen dokumentiert, konsolidiert, saldiert und schlussendlich mit der erbrachten Regelleistung verrechnet werden. Erst dann kann eine Rechnung für Ausgleichsenergie an den Bilanzkreisverantwortlichen ausgestellt werden. In diesem Kapitel wird zuerst der Bilanzkreisabrechnungsprozess für Strom ausführlich dargestellt und anschließend der Einsatz der Blockchain-Technologie und den damit verbundenen Potenzialen in diesem Bereich thematisiert.

4.3.1 Bilanzkreismanagement und -abrechnung

Elektrische Energie ist nicht bzw. nur bedingt speicherbar. Deshalb muss in einem Stromversorgungsnetz die Energiemenge, die zu einem bestimmten Zeitpunkt benötigt wird, zum selben Zeitpunkt eingespeist werden, sprich das Netz befindet sich stets im Gleichgewicht zwischen Erzeugung und Verbrauch /BMWI-11 14/. Durch die Saldierung der Abweichungen über eine Viertelstunde kann das Gleichgewicht abrechnungstechnisch kontrolliert werden. Zu diesem Zweck werden Bilanzkreise gebildet über die der Stromlieferant für jede Viertelstunde die Energiemengen, die er an seine Kunden verkauft, beschafft. Ein solcher Bilanzkreis kann als virtuelles Energiemengenkonto betrachtet werden, welcher die virtuelle Welt des Stromhandels mit der physischen Welt der Energielieferung und der Netzstabilität verbindet. Über diese virtuellen Energiemengenkonten können alle Einspeise- und Entnahmestellen sowie Fahrplanlieferungen saldiert werden. Die aus der Saldierung resultierenden Differenzen, welche zum Teil aus unvermeidbaren Prognoseungenauigkeiten (z.B. Wind und Sonne) entstehen, werden vom ÜNB durch den Abruf von Regelenergie ausgeglichen und dem Bilanzkreisverantwortlichen (BKV), der die wirtschaftliche Verantwortung für einen oder mehrere Bilanzkreise trägt, in Rechnung gestellt. /CON-01 14/, /DIEM-01 16/

Von Seiten der Bundesnetzagentur wurden die „Marktregeln für die Durchführung der Bilanzkreisabrechnung Strom" (MaBiS) eingeführt. Darin wird der erforderliche Informationsaustausch zwischen den beteiligten Marktakteuren sowie deren Mitwirkungspflichten und Fristen geregelt, um eine markteinheitliche und bilanziell korrekte Bilanzkreisführung und –abrechnung zu ermöglichen. Die wesentlichsten Schritte davon werden nachfolgend erläutert und anhand dem e3 value model (**Abb. 4-5**) visualisiert. /BDEW-20 13/

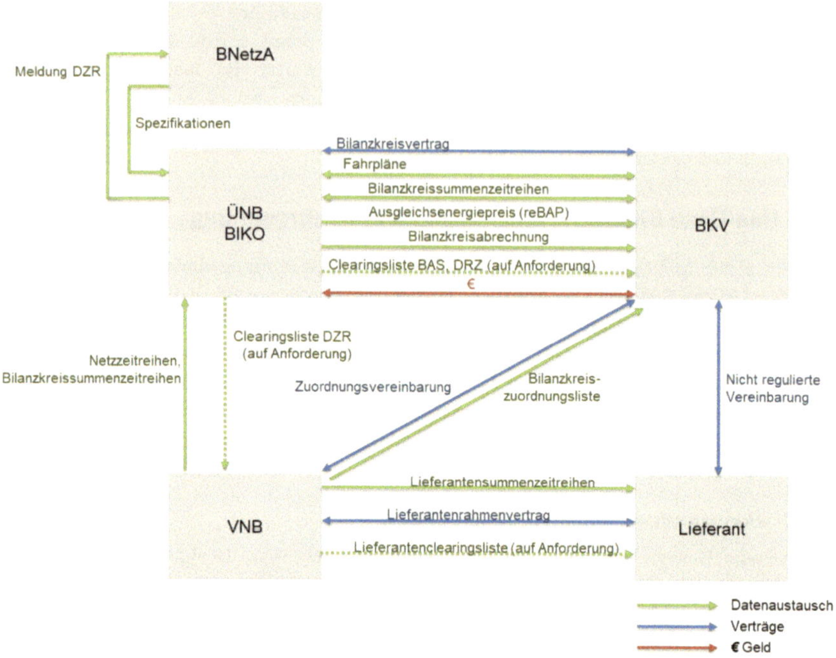

Abbildung 4-5: *e3 value model Bilanzkreismanagement (Eigene Darstellung)*

Zuerst erfolgt eine verpflichtende Zuordnung des Lieferanten aller seiner versorgten Entnahme- und Einspeisepunkte zu einem Bilanzkreis der zugehörigen Regelzone. Durch die Zuordnungsvereinbarung gestattet der Lieferant bzw. BKV dem Verteilnetzbetreiber die Zuordnung von Einspeise- und Entnahmestellen Dritter zu einem seiner Bilanzkreise. Der BKV verpflichtet sich in einem Bilanzkreisvertrag, welchen er mit dem ÜNB abschließt, dass er seinen Bilanzkreis möglichst ausgeglichen hält. Um dieser Aufgabe gerecht zu werden, erstellt der BKV täglich Lastprognosen für die seinem Bilanzkreis zugeordneten Einspeise- und Entnahmestellen. Durch Energiehandelsgeschäfte mit anderen Bilanzkreisen versucht er seinen Bilanzkreis ausgeglichen zu halten, damit die Summe aus Einspeisung und Zukauf von Energiemengen gleich der Summe von Verbrauch und Verkauf von Energiemengen entspricht. In einem Datenaustauschprozess meldet der BKV dem ÜNB, im Folgenden auch Bilanzkoordinator (BIKO) genannt, die für den Folgetag erstellten Fahrpläne. Diese inkludieren die Ein- und Ausspeiseorte, die Strommengen und die Netznutzungszeit, für jede Viertelstunde die eingespeiste oder entnommene, sowie die unter den Bilanzkreisen ausgetauschte Leistung. Hier überprüft der BIKO, ob die Energiehandelsgeschäfte von beiden Parteien gleich gemeldet werden und ordnet gegebenenfalls Korrekturen an. Dadurch ist sichergestellt, dass die Regelzone des zuständigen ÜNB ausgeglichen ist. Tatsächlich weichen aber zum einen die Einspeisungen der Kraftwerke und zum anderen die Abnahmen der Verbraucher von der Vortagsprognose ab. /CON-01 14/, /DIEM-01 16/ Mögliche Gründe hierfür sind /BDEW-20 13/:

- Zufällige Verbrauchsschwankungen
- Unvorhergesehene Kraftwerksausfälle
- Flukturierende Einspeisung von Wind- und Solaranlagen

Durch die oben genannten Prognosefehler kommt es im täglichen Betrieb zu Abweichungen in Form eines unterspeisten oder überspeisten Bilanzkreises. Unterspeist bedeutet, dass ein Bilanzkreis mehr Energie verbraucht, als wie er durch Erzeugung und Zukauf von Energiemengen bereitstellt. Konträr verhält es sich mit einem überspeisten Bilanzkreis. Um nun das bilanzielle Gleichgewicht eines jeden Bilanzkreises zu erhalten gleicht der BIKO diese mit Ausgleichsenergie aus. Die Bilanzkreise innerhalb einer der vier deutschen Regelzonen können gemeinsam das Stromnetz stützen, indem ein überspeister Bilanzkreis durch eine Unterspeisung eines Anderen aufgefangen wird. Hierdurch wird der physische Abruf von Regelenergie durch den ÜNB vermieden. Dieser wird erst erforderlich, wenn das Saldo aller Bilanzkreise innerhalb einer Regelzone nicht ausgeglichen ist und es zu einer Gefährdung der Netzstabilität kommt. Der ÜNB stellt dem Bilanzkreis, welcher für den Abruf von Regelenergie verantwortlich war, diese Ausgleichsenergie in Rechnung. Die Regelenergie ist somit der Ausgleich des physischen Stromflusses für die Beibehaltung der Netzfrequenz. Wohingegen die Ausgleichsenergie die bilanzielle Verrechnung der Regelleistung darstellt. Vereinfacht gesagt regelt die Ausgleichsenergie den Geldfluss und die Regelenergie den Stromfluss.
Der verantwortliche BIKO einer Regelzone erstellt nach Abschluss eines Liefermonates, für die in Anspruch genommene Ausgleichsenergie eines BKV für jeden seiner Bilanzkreise, eine Rechnung. Hierfür wird der regelzonenübergreifende einheitliche Bilanzausgleichsenergiepreis (reBAP) mit dem jeweiligen Bilanzkreissaldo multipliziert. Der reBAP ergibt sich aus der Division des Saldo der durch die Erbringung von SRL und MRL entstandenen Kosten im NRV-Gebiet und der aufgewendeten Menge. Demzufolge kann der reBAP positiv oder negativ sein, was die Richtung des Geldflusses im Rahmen der Bilanzkreisabrechnung bestimmt. Folglich sind vier Konstellationen möglich:

- Positiver reBAP und unterdeckter BK-Saldo → BKV zahlt an ÜNB
- Positiver reBAP und überdeckter BK-Saldo → ÜNB zahlt an BKV
- Negativer reBAP und unterdeckter BK-Saldo → ÜNB zahlt an BKV
- Negativer reBAP und überdeckter BK-Saldo → BKV zahlt an ÜNB

Der reBAP wird für jede einzelne Viertelstunde eines Monats automatisch über ein Abrechnungstool für alle vier Regelzonen geltend berechnet. /BDEW-20 13/, /CON-01 14/, DIEM-01 16/

Ein weiterer wichtiger Prozessschritt im Bilanzkreismanagement findet zwischen dem Netzbetreiber und dem BIKO statt. Der Netzbetreiber bildet aus seinen Netzgebieten ein oder mehrere Bilanzierungsgebiete (BG), um die Energiemengen aus den Netzgebieten rechnerisch zusammenfassen zu können. Somit beinhaltet ein Bilanzierungsgebiet auch mehrere Bilanzkreise. Auch hier hat der Netzbetreiber die Aufgabe seine Bilanzierungsgebiete vollständig auszubilanzieren und dies dem BIKO in Form von Netzzeitreihen (NZR) zu übermitteln. Darüber hinaus erfassen alle Netzbetreiber innerhalb einer Regelzone von den Einspeisern und Verbrauchern, welche an ihr Netz angeschlossen sind die viertelstündlichen Zählwerte oder bei Kleinkunden die standardisierten Lastprofile. Diese werden getrennt für jeden Bilanzkreis und jedes Bilanzierungsgebiet aufsummiert und nach jedem Liefermonat dem BIKO in einem Datenaustauschprozess als Bilanzkreissummenzeitreihen übermittelt. Der BIKO leitet die Zeitreihen anschließend an den BKV weiter woraufhin dieser die Daten gegen seine Daten prüft und dem BIKO eine positive oder negative Rückmeldung gibt. Auf dieser Grundlage kann der BIKO letztendlich die Bilanzkreisabrechnung erstellen. Bei den Datenübermittlungsprozessen und Abrechnungserstellung sind Fristen einzuhalten welcher der MaBiS entnommen werden können. /BDEW-20 13/

4.3.2 Einsatz Blockchain-Technologie

In diesem Abschnitt wird der potenzielle Einsatz einer Blockchain im Bereich des Bilanzkreismanagements und -abrechnung mittels **Abb. 4-6** betrachte. Hierfür wird ebenfalls der Datenaustausch, die beteiligten Akteure und deren Vertrauen untereinander sowie der zeitliche Verzug überprüft.

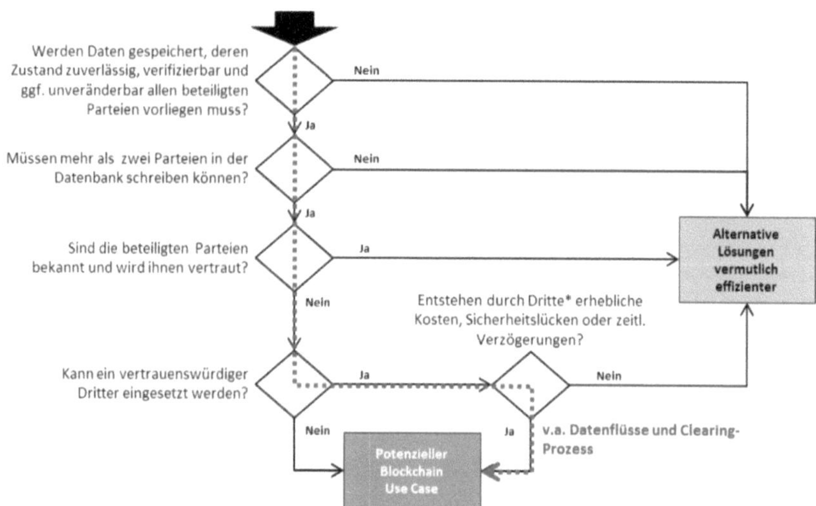

Abbildung 4-6: *Einsatz Blockchain im Bilanzkreismanagement (Eigene Darstellung)*

Damit der BIKO die Abrechnung erstellen kann bekommt er von den Netzbetreibern die Bilanzkreissummenzeitreihen übermittelt, welche er zur Überprüfung und Abgleich an die Bilanzkreisverantwortlichen weiterleitet. Demnach sammelt der BIKO alle Bilanzkreisdaten der unterschiedlichen Marktpartner ein und stützt auf diesen Daten, welche zu 95% Fremddaten sind, seine Abrechnung /TEN-02 15/. Einige dieser Daten benötigen einen Konsens und haben damit den Anspruch, dass sie von mehreren Parteien nach spezifizierten Regeln überprüft werden können. Bereits nach diesem kurzen Abriss fällt auf, dass eine Blockchain-Lösung für diesen Prozessschritt prädestiniert zu sein scheint. Allein in der Regelzone der 50Hertz Transmission GmbH werden 1.813 Bilanzkreise durch insgesamt 638 Vertragspartner bewirtschaftet (Stand 01.04.2018). Insgesamt umfassen die vier Regelzonen in Deutschland mehr als 8.000 Bilanzkreise. /ÜNB-06 18/ Dadurch wird schnell ersichtlich, dass den beteiligten Parteien in Bezug auf die übermittelten Austauschdaten nicht vertraut werden kann. Auch hier bringt die Blockchain durch ihre manipulationssichere Darstellung und gemeinsame Konsensfindung erhöhte Transparenz und Vorteile mit sich. Folglich führen am Ende alle Systeme von BKV, BIKO und Netzbetreiber den gleichen Datenstatus. In diesem Fall wäre ebenfalls eine konsortiale Blockchain-Lösung sinnvoll, da der BIKO bereits als zentrale Stelle zur Verwaltung der Daten und Abrechnungserstellung agiert.

Der Prozess zur Bilanzkreisabrechnung, welcher nach Abschluss des Liefermonates angestoßen wird, dauert standardmäßig 8 Wochen, dabei werden die Daten dokumentiert, konsolidiert, saldiert und schlussendlich mit der erbrachten Regelleistung verrechnet (siehe **Abb. 4-7**) /BDEW-20 13/.

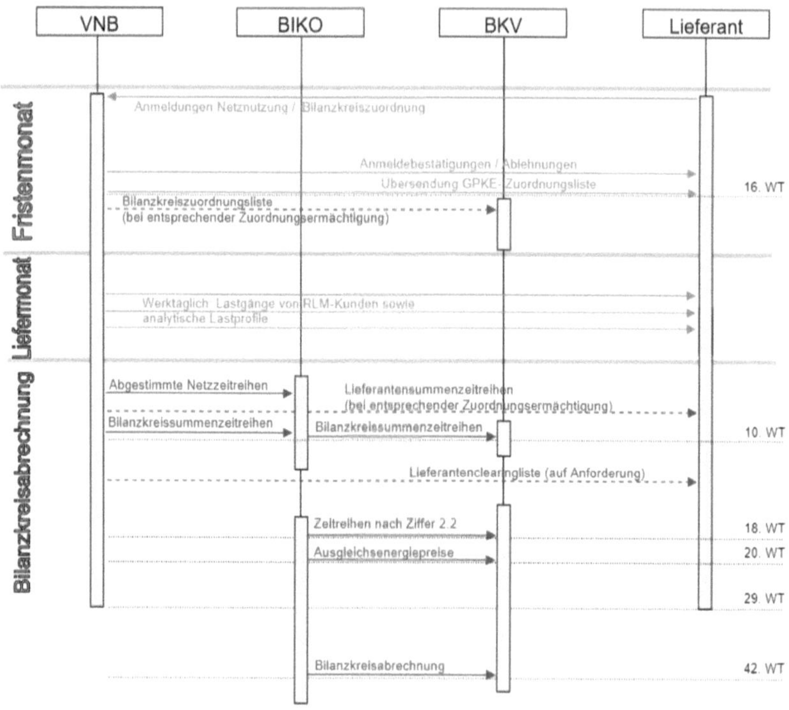

Abbildung 4-7: *Fristen Bilanzkreisabrechnung (Quelle: /BNETZA-01 09/)*

In dieser Abbildung sind die Datenflüsse zwischen den beteiligten Akteuren mit den entsprechenden Fristen dargestellt. Für diesen Use-Case ist speziell die unter Hälfte der Darstellung von Bedeutung, da hier dem BIKO alle relevanten Daten, welche er für die Bilanzkreisabrechnung benötigt, übermittelt werden. Darauf aufbauend wird der Ausgleichsenergiepreis ermittelt und die Rechnung erstellt und jeweils bis spätestens zum 29. Werktag bzw. 42. Werktag nach Abrechnungsbeginn an den BKV versendet. Daraus wird ersichtlich, dass es zu zeitlichen Verzögerung während der einzelnen Prozessschritte kommt. Die Datenflüsse und Clearingsphasen könnten über Smart Contracts automatisiert vollzogen werden und somit die einzelnen Prozesse optimieren und den Datenaustausch sowie die Abrechnung beschleunigen. Jedoch muss hier erwähnt werden, dass der Abrechnungsprozess bereits hochautomatisiert ist und alle Datenflüsse elektronisch und automatisch erfasst werden. Für den Datenaustausch wird das standardisierte Format EDIFACT verwendet /BDEW-20 13/. Somit müsste in diesem Fall von Seiten der ÜNB eine Abschätzung oder ein Feldversuch erfolgen, um analysieren zu können, ob eine Blockchain-Anwendung eine nachhaltige Verbesserung hervorruft.

Insgesamt stellt die Bilanzkreisabrechnungserstellung in diesem Zusammenhang ein interessantes Anwendungsfeld für eine Implementierung dieser Technologie dar. Die Vielzahl an beteiligten Akteuren bestehend aus Netzbetreiber, Lieferant,

Übertragungsnetzbetreiber und Bilanzkreisverantwortlichen, zwischen denen verschiedene Verträge abgeschlossen und Daten ausgetauscht werden, benötigen insbesondere vor dem Hintergrund der zunehmenden Digitalisierung, Technologien, die einen sicheren Datenaustausch unterstützen. Ein konsortiales Modell kommt hier für die ÜNB in Frage, da ihnen hier als zentrale Instanz zur Bündelung von Mengenmeldungen, weiterhin die Schlüsselrolle zukommt.

4.3.3 Zwischenfazit

Zusammenfassend ist festzuhalten, dass über Bilanzkreise das Gleichgewicht von Stromeinspeisung und -abnahme und die Netzstabilität gewahrt bleibt. Die Bilanzkreisverantwortlichen sind verpflichtet ihre Bilanzkreise durch Energiehandelsgeschäfte ausgeglichen zu halten und dies dem Übertragungsnetzbetreiber bzw. Bilanzkoordinator in Form von täglichen Fahrplänen zu übermitteln. Bei Abweichung eines Bilanzkreises wird dessen Bilanzkonto eine positive oder negative virtuelle Menge hinzugefügt, die sogenannten Ausgleichsenergie. Tatsächlich kommt es aber nicht automatisch zum Abruf von Regelleistung, da sich unterspeiste und überspeiste Bilanzkreise gegenseitig ausgleichen können. Somit fällt die Ausgleichsenergie immer an, wenn ein Bilanzkreis unausgeglichen ist. Wohingegen Regelleistung nur bei einer Abweichung in der gesamten Regelzone abgerufen wird. Über den Mechanismus des Bilanzkreismanagements und der Bilanzkreisabrechnung ist somit erreicht, dass jeder Einspeiser, Verbraucher und jede Lastabweichung einem Bilanzkreis zugeordnet ist und verursachungsgerecht abgerechnet wird. Der BIKO erstellt die Abrechnung für die Bilanzkreisverantwortlichen und bekommt hierfür von den Netzbetreibern die Bilanzkreissummenzeitreihen und Netzzeitreihen der jeweiligen Bilanzierungsgebiete übermittelt. Die Blockchain-Technologie könnte hier eingesetzt werden, um den Datenaustausch informationstechnisch sicher und transparent abzubilden sowie Prozessschritte zu automatisieren und dadurch die Effizienz zu steigern.

4.4 Use-Case Bezahlung grenzüberschreitender Energieaustausch

In diesem Kapitel wird die Möglichkeit grenzüberschreitende Energiehandelsgeschäfte über eine Blockchain abzuwickeln thematisiert. Dabei wird speziell der Energieaustausch zwischen Deutschland und der Schweiz betrachtet, jedoch ist dies auch für sämtliche andere Konstellationen von Ländern denkbar.

Bei internationalen Überweisungen sind mehrere Intermediäre, wie Banken, Clearing-Stellen und eventuell auch Zentralbanken involviert. Dies führt zu erhöhten Gebühren und Zeitverzögerungen, da die Abwicklungsprozesse aufgrund der vielen Intermediäre und unterschiedlichen Systeme aus Koordinations- und Kostengründen nicht kontinuierlich sondern nur in einer begrenzten Anzahl pro Tag stattfinden. Diese Zeit- und Kostennachteile könnten theoretisch durch die Blockchain-Technologie vermindert und Wechselkursrisiken bei internationalen Transaktionen reduziert werden. /FIT-01 17/

Es besteht die Möglichkeit grenzüberschreitend Energie auszutauschen. Zwischen Deutschland und der Schweiz bzw. der Übertragungsnetzte von Amprion, TransnetBW und Swissgrid besteht ein dauerhafter Engpass, welcher mittels langfristiger und täglicher Auktionen über die Vergabeplattform JAO (Joint Allocation Office) bewirtschaftet wird. Die JAO ist ein Portal für grenzüberschreitende Kapazitäten. Auf der Internetplattform können die für die Auktionsdurchführung geltenden Regeln, welche durch die Übertragungsnetzbetreiber erarbeitet und durch die zuständigen Regulatoren freigegeben wurden, eingesehen werden. /BFE-04 14/

Zwischen Deutschland und der Schweiz findet täglich auf Viertelstunden-Basis ein Energieaustausch statt. Dabei wurden im Jahr 2017 0,384 TWh von der Schweiz nach Deutschland exportiert und 18,1 TWh importiert (siehe **Abb. 4-8**). In den vorangegangenen Jahren wies der Gesamtexport und Gesamtimport sehr ähnliche Dimensionen auf. /ISE-02 18/ Es ist sehr auffällig, dass die Strommengen, die mit der Schweiz ausgetauscht werden im europäischen Ländervergleich sehr groß sind. Unter Berücksichtigung der restlichen Nachbarländer wie Frankreich, Italien und Österreich fließt ein Vielfaches des Stroms, der in der Schweiz benötigt wird, grenzüberschreitend. Die Schweiz und Deutschland sind aufgrund ihrer zentralen Lage ein wichtiger Drehpunkt, um im gesamten Europäischen Verbundnetz die Netzstabilität aufrecht zu halten. /SRF-01 17/, /SWIS-01 18/

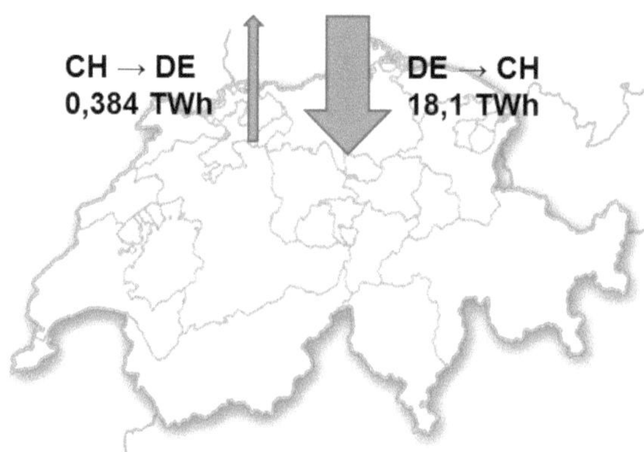

Abbildung 4-8: *Energieaustausch Schweiz-Deutschland (Eigene Darstellung)*

Hier könnte über eine Blockchain-Anwendung beispielsweise zwischen Deutschland-Schweiz auf Viertelstunden-Basis das Saldo der grenzüberschreitenden Energiemengen sofort automatisch verrechnet und mit der entsprechend gekoppelten Kryptowährung bezahlt werden. Dieser alternative Zahlungsweg würde Mikro-Transaktionen ermöglichen und den Datenaustausch und die Abrechnung beschleunigen. Diese Anwendung ist selbstverständlich nur sinnvoll, wenn die Transaktionskosten über die Blockchain geringer sind als die über einen Intermediär und eine wertstabile Kryptowährung vorliegt. Aktuell sind jedoch die Gebühren für Transaktionen auf einer Blockchain noch viel zu hoch und die meisten Kryptowährungen unterliegen einer massiven Volatilität. Beide Probleme sind Gegenstand aktueller Forschung mit dem Ziel langfristig gesehen diese Limitationen aus der Welt zu schaffen. Ein weiteres Problem sofern Kryptowährungen zur Anwendung kommen, besteht darin, dass diese keine offiziellen Währungen sind und somit keiner Einlagensicherung unterfallen. Auch hier müssten im Bereich der Regulatorik Anpassungen vorgenommen werden, um das System sicher zu machen. Durch die schnelle Abwicklung von Abrechnung und Bezahlung der Energieflüsse entfällt für beide Parteien das Wechselkursrisiko, welches speziell in diesem Beispiel mit der Schweiz und Deutschland aufgrund der unterschiedlichen Währungen gegeben ist. Die für diese Abrechnung an die Blockchain gekoppelte Kryptowährung darf nur eine sehr geringe Volatilität aufweisen, da ansonsten das Wechselkursrisiko nicht verringert sondern verstärkt wird. Wie auch bei den anderen Use-Cases liegt es hauptsächlich an den beteiligten Übertragungsnetzbetreibern erste Feldversuche zu implementieren, um die Umsetzbarkeit solcher beschleunigter Saldierungen und Abrechnungen von Energiemengen zu testen. Dabei können die Potenziale realistisch eingeschätzt und bestimmt werden.

Zusammenfassend bleibt festzuhalten, dass die Blockchain-Technologie einen potenziellen Anwendungsfall im Bereich der Abrechnung von grenzüberschreitenden Energiemengen darstellt, da sie authentifizierte, sichere und nachweisbare Transaktionen zwischen Anlagen, Geräten und Marktteilnehmern ermöglicht und somit eine Vollautomatisierung von Abrechnungssystemen realisierbar macht. Die größten Probleme bei dieser Anwendung ergeben sich bisher durch die nicht wertstabilen Kryptowährungen und im Bereich der Regulatorik, da hier keine Einlagensicherung gilt und der steuerliche Umgang bisher unklar ist. Das Unternehmen SETL beispielsweise ermöglicht es bereits mit einer spezialisierten Blockchain-Infrastruktur internationale Wertpapiertransaktionen direkt abzuwickeln. Hierbei werden die Wertpapier- und Geldbestände über eine Blockchain in einem Register abgebildet und verwaltet. Hier kann jedoch auch noch nicht abgeschätzt werden, inwieweit die Blockchain die Risiken reduzieren kann. /GOV-01 16/

4.5 Fazit

Abschließend werden noch einmal die wichtigsten Erkenntnisse der behandelten Use-Cases zusammenfassend dargestellt. Auf der einen Seite wird nach dieser kurzen Vorstellung unterschiedlicher Use-Cases sehr schnell nachvollziehbar, welche vielfältigen und breiten Einsatzmöglichkeiten die Blockchain-Technologie bieten kann. Auf der anderen Seite wird jedoch auch ersichtlich, dass es in manchen Anwendungsgebieten weniger sinnvoll ist einen Prozess oder Ablauf über eine Blockchain abzuwickeln, wie etwa bei der Optimierung von Regelleistung. Hier lässt sich durch Echtzeitdaten keine wesentliche Verbesserung der vorzuhaltenden Leistung erzielen, da zum einem die PRL länderübergreifend in Abhängigkeit der Kraftwerksblockgröße dimensioniert wird und zum anderen die vorzuhaltende SRL bzw. MRL durch Echtzeitdaten nicht wesentlich verändert werden würde und eine Anbindung aller Teilnehmer an die Blockchain von Nöten wäre. In Bereichen wie der Präqualifikation oder dem Bilanzkreismanagement kann die Blockchain hingegen durch Dezentralität, Transparenz, Manipulationssicherheit und Automatisierung zu einer Verbesserung der vorhandenen Prozesse führen und bietet Potenzial für die Übertragungsnetzbetreiber, Bilanzkreisverantwortlichen sowie den Anbietern von Regelleistung. Anbieter können beispielsweise Mehrerlöse durch eine schnellere

Abwicklung des Präqualifikationsprozesses erwirtschaften, wohingegen ÜNB und BKV durch manipulationssichere Datenübermittlung und Automatisierung transparentere und verbesserte Prozesse erlangen und dadurch Kosten reduzieren können. Im Bereich des Bilanzkreismanagements und der daraus resultierenden Bilanzkreisabrechnung könnte eine Blockchain-Anwendung durchaus interessant sein, da hier mehrere Akteure untereinander agieren und komplexe Datenaustauschprozesse stattfinden. Jedoch existieren hier bereits hochautomatisierte Softwaretools. Demnach liegt es hauptsächlich im Ermessen der Übertragungsnetzbetreiber, ob hier eine Blockchain eine wesentliche Verbesserung bedingen könnte. Um grenzüberschreitende Energiemengen über eine Blockchain saldieren und abrechnen zu können braucht es noch eine Menge an rechtlichen, regulatorischen und steuerlichen Standardisierungen. Der Einsatz ist durchaus denkbar, jedoch muss auch hier von allen beteiligten Parteien überprüft werden, ob eine alternative Lösung nicht besser geeignet wäre. Letztlich sollte nicht vergessen werden, dass die Blockchain noch eine relativ junge Technologie darstellt, die Gegenstand aktueller Forschung ist.

Abbildung 4-9 spiegelt eine abschließende Übersicht der vier behandelten Use-Cases wider. Auf Basis der in den vorangehenden Kapitel behandelten Vor- und Nachteile wurden jeweils die Bereiche Innovationsgrad, Potenzial, Komplexitätsgrad und Regulatorische Hürden mit einem Ampelsystem bewertet. Demnach konnten drei potenzielle Blockchain Einsatzmöglichkeiten ermittelt und eine Anwendung ausgeschlossen werden.

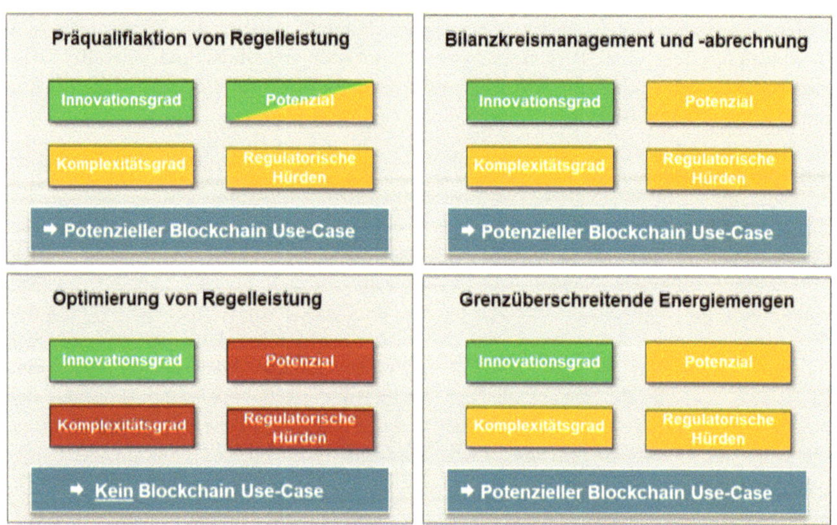

Abbildung 4-9: *Übersicht der behandelten Einsatzmöglichkeiten (Eigene Darstellung)*

5 Schlussbetrachtung

Nach heutigem Stand setzten einige Experten die Innovationskraft der Blockchain-Technologie gleich der Erfindung des Rades und andere Experten wiederum bezeichnen die Blockchain als Spinnerei, die nur zur Abzocke entwickelt wurde. Sicherlich liegt die Blockchain-Technologie irgendwo dazwischen. Es gibt viele sinnvolle Anwendungen in denen die Technologie einen echten Mehrwert liefern und disruptive Veränderungen hervorrufen wird. Aber es gibt mindestens genauso viele Anwendungen bei denen der Einsatz der Blockchain kein Potenzial liefert oder lediglich eingesetzt wird um am Hype teilhaben zu können (siehe Shit-Coins und Scams). Abschließend wird noch einmal das wichtigste aus allen Kapiteln hervorgehoben und ein Ausblick gegeben.

5.1 Zusammenfassung

Die Blockchain-Technologie wurde erstmals 2008 durch das White-Paper „Bitcoin: A Peer-to-Peer Electronic Cash System" von Satoshi Nakamoto beschrieben. Seitdem schreitet die Entwicklung stetig voran und es werden verschiedene Blockchain-Systeme mit unterschiedlichen Lösungsansätzen entworfen. Die wesentlichsten Attribute der Blockchain sind verteilte Konsensbildung, Transparenz, Dezentralität, Automatisierung, Pseudo- und Anonymisierung sowie Manipulationssicherheit. Dadurch kann unter anderem Vertrauen geschafft, ein Intermediär überflüssig, Prozesse automatisiert bzw. optimiert, ein Datenaustausch und Abrechnungen beschleunigt und dezentrale P2P-Interaktionen ermöglicht werden. Dies wird in den meisten Fällen von Blockchain-Lösungen durch Konsens-Mechanismen, Hashing und Smart Contracts erreicht. Die Konsens-Algorithmen und das Hashing ermöglichen eine nahezu vollkommen manipulationssichere Durchführung von Transaktionen oder den Austausch von Daten. Smart Contracts sind Programme, die bei Erfüllung vorher angegebener Bedingungen, automatisiert Abläufe ausführen können und somit eine hohe Automatisierung ermöglichen. Durch das Zusammenspiel all dieser Komponenten kann die Blockchain-Technologie als ein Kassenbuch, das eindeutig, sicher und transparent Kassenbestände in festen Intervallen ohne einem Intermediär abspeichert gesehen werden. Aktuell existiert noch eine Vielzahl an Limitationen, die die Technologie zu bewältigen hat. Darunter fallen insbesondere der Datenschutz, der hohe Energieverbrauch durch den Konsens-Mechanismus, die begrenzte Skalierbarkeit und die fehlende Interoperabilität.

Am Strommarkt ist die Aufrechterhaltung der Netzstabilität eine fundamentale Aufgabe und obliegt in Deutschland den vier Übertragungsnetzbetreibern. Um das Gleichgewicht von Erzeugung und Verbrauch aufrechtzuerhalten, können verschiedene Regelenergieprodukte, welche von Regelleistungsanbietern vorgehalten werden, aufeinander folgend aktiviert werden. Ein Anbieter von Regelleistung muss hierfür zuerst einen Präqualifikationsprozess, bei welchem die Eignung der Anlage und gewisse Mindestanforderungen geprüft werden, durchlaufen. Dieser Prozess könnte einheitlich über eine Blockchain-Lösung realisiert werden bei der sowohl Übertragungsnetzbetreiber als auch Anbieter profitieren könnten. Die Optimierung der vorzuhaltenden Regelleistung über eine Blockchain ist aus regulatorischer und teilweise technischer Sicht nicht realisierbar.

Bilanzkreise können als virtuelle Energiemengenkonten gesehen werden und dienen dazu mittels Fahrplanmanagement das Gleichgewicht zwischen Erzeugung und Verbrauch zu halten sowie Energiehandelsgeschäfte zu ermöglichen. Im Bereich des Bilanzkreismanagements und der Bilanzkreisabrechnung ist der Einsatz einer Blockchain-Anwendung durchaus denkbar, da hier mehrere Parteien in unterschiedlichen Vertragsbeziehungen zueinander stehen und über komplexe Prozesse Daten austauschen. Jedoch besteht bereits ein System, welches hochautomatisiert ist. Hier müsste in einem fest definierten Rahmen mit allen beteiligten Akteuren der Einsatz einer Blockchain praxisorientiert getestet werden, um letztendlich die Wirksamkeit und das reale Potenzial dahinter ermitteln zu können.

5.2 Ausblick

Aufgrund einer Vielzahl an erster Blockchain-basierter Anwendungen sowie angesichts des disruptiven Charakters sollten die Chancen und Risiken der Blockchain-Technologie frühzeitig abgewogen werden. Denn es ist noch nicht absehbar, welche Blockchain-Anwendungen sich gegen bereits etablierte und langfristig erprobte Prozesse behaupten können. Hier bietet sich die Möglichkeit den Entwicklungsprozess durch Partnerschaften frühzeitig zu begleiten und mitzugestalten, denn die Blockchain bietet enorme Potenziale, wenn Vertrauensprobleme zwischen Wertschöpfungspartnern hinsichtlich Transaktionen monetärer Werte, Vertragsabwicklungen und dem Austausch von Daten zu lösen sind. Jedoch sind häufig Prozesse bereits so hoch automatisiert oder eine einfache Datenbank erfüllt den selben Zweck, dass der Einsatz einer Blockchain unnütz ist. Hier empfiehlt es sich ähnlich wie in **Abbildung 4-2** und **Abbildung 4-6** vorzugehen, um bereits im Vorfeld die Sinnhaftigkeit des Einsatzes einer Blockchain für die jeweilige Anwendung abklären zu können. Natürlich bedarf es weiterer und umfassenderer Analysen, um letztendlich zu einer Entscheidung und einer ersten praxisorientierten Anwendung zu gelangen. Ein oft weiterer limitierender Faktor liegt im Bereich der Regulatorik, hier müssen erst noch Grenzen abgesteckt und definiert werden bevor viele Anwendungen überhaupt starten können.
Im stark regulierten Energiesektor bietet es sich in erster Linie an, private oder konsortiale Blockchains zu implementieren, da hier in bestimmten Bereichen die Notwendigkeit besteht, dass die Aufgabenhoheit weiterhin bei zentralen Stellen wie etwa den Übertragungsnetzbetreibern oder der Bundesnetzagentur bestehen bleibt. Das vorerst größte Potenzial meiner Meinung nach liegt bei unternehmensinternen Prozessen, da hier keine Rechtsbeziehungen zu Dritten bestehen.
Als Anknüpfung an diese Arbeit empfiehlt es sich zusammen mit den ÜNB speziell die Prozesse der Präqualifikation und der Bilanzkreisabrechnung detailliert zu betrachten, um erste Feldversuche in diesen Bereichen mittels einer Blockchain implementieren und durchführen zu können. Nur so können die Stärken und mögliche Schwächen der Blockchain praxisnahe erforscht werden und zu einer nachhaltigen Verbesserung der Prozesse führen. Für den Blockchain-basierten Einsatz bei der Abrechnung von grenzüberschreitenden Energiemengen bedarf es einer genaueren Untersuchung der Prozessumgebung, um eine Aussage zu zukünftigen Entwicklungen treffen zu können. Hier bietet sich eine Forschungsarbeit, unter Berücksichtigung bereits implementierter Blockchain-Anwendungen im Bereich von länderübergreifenden Transaktionen, zur Untersuchung an.

Literaturverzeichnis

AFC-01 16 Zhang, Fan et al.: Town Crier: An Authenticated Data Feed for Smart Contracts. New York, USA: Association for Computing Machinery, 2016.

BBEV-01 17 Glatz, Florian et al.: Blockchain - Chancen und Herausforderungen einer neuen digitalen Infrastruktur für Deutschland. Berlin: Blockchain Bundesverband e.V., 2017.

BDEW-20 13 Marktprozesse für die Bilanzkreisabrechnung Strom V 2.0 (MaBiS). Berlin: BDEW, 2013.

BDEW-101 17 Strüker, Jens et al.: Blockchain in der Energiewirtschaft - Potenziale für Energieversorger. Berlin: Bundesverband der Energie- und Wasserwirtschaft e.V. (BDEW), 2017.

BER-01 17 Fang, Max: Ethereum and Smart Contracts - Enabling a decentralized future. In: Blockchain at Berkeley; Berkeley, USA: Berkeley University of California, 2017.

BFE-04 14 Weber, Alexander et al.: Potentiale zur Erzielung von Deckungsbeiträgen für Pumpspeicherkraftwerke in der Schweiz, Österreich und Deutschland. Berlin: Schweizerisches Bundesamt für Energie (BfE), 2014.

BMWI-11 14 Zweiter Monitoring-Bericht "Energie der Zukunft". Berlin: Bundesministerium für Wirtschaft und Energie (BMWi), 2014

BNE-01 16 Branchenleitfaden - Regelleistungserbringung durch Drittpartei-Aggregatoren gem. § 26a StromNZV. Berlin: Bundesverband Neue Energiewirtschaft (bne), 2016.

BNETZA-01 09 Festlegung von Marktregeln für die Durchführung der Bilanzkreisabrechnung Strom - BK6-07-002. Bonn: Beschlusskammer 6 (BNetzA), 2009.

BNETZA-01 09 Monitoringbericht 2009 - Monitoringbericht gemäß § 63 Abs. 4 EnWG i.V.m. § 35 EnWG. Bonn: Bundesnetzagentur für Elektrizität, Gas, Telekommunikation, Post und Eisenbahnen Monitoring, Marktbeobachtung (BNetzA), 2009

BNETZA-01 17 Monitoringbericht 2017. Bonn: Bundesnetzagentur, 2017.

CON-01 14 Consentec GmbH: Beschreibung von Regelleistungskonzepten und Regelleistungsmarkt. Aachen: 50Hertz Transmission GmbH, 2014

CONSENTEC-02 08 Haubrich, Univ.-Prof. Dr.-Ing. Hans-Jürgen : Gutachten zur Höhe des Regelenergiebedarfs. Aachen: CONSENTEC Consulting für Energiewirtschaft und -technik GmbH, 2008

DENA-02 14 Deutsche Energie-Agentur (dena): dena-Studie Systemdienstleistungen 2030 - Voraussetzungen für eine sichere und zuverlässige Stromversorgung mit hohem Anteil erneuerbarer Energien. Berlin: dena, 2014

DENA-06 16 Burger, Christoph et al.: Blockchain in der Energiewende - Eine Umfrage unter Führungskräften der deutschen Energiewirtschaft. Berlin: Deutsche Energie-Agentur GmbH (dena), 2016.

DIEM-01 16 Diem, Marianne: Marktdesign der Energiewirtschaft . In: http://energiewirtschaft.blog/marktdesign-energiewirtschaft/. (Abruf am 2018-04-11); (Archived by WebCite® at http://www.webcitation.org/6yaxwpGCS); Leipzig: Diem Marianne, 2016.

EMEA-01 17 Piscini, Eric et al.: Blockchain & Cyber Security. New York: EMEA Deloitte Blockchain Lab, 2017.

ENREL-01 14 Handt, Siegfried: Gesundheit: Unternehmen gehen in die Offensive . In: https://www.energycareer.net/unternehmen/news/nachricht/22186. (Abruf am 2018-04-11); (Archived by WebCite® at http://www.webcitation.org/6yawpIwC1); München: EnergyRelations e.K., 2014.

ERA-01 18 ERA-Monatsentgelte. Frankfurt am Main: IG Metall, 2018.

EU-11 16 EU-Datenschutz-Grundverordnung (EU-DSGVO). Ausgefertigt am 2016-04-14; Brüssel: Europäisches Parlament, 2016.

FIN-02 18 Ohr, Jens: DAX 30 Marktkapitalisierung. In: https://www.finanzen.net/index/DAX/Marktkapitalisierung. (Abruf am 2018-04-19); (Archived by WebCite® at http://www.webcitation.org/6ymxmbjzN); Karlsruhe: finanzen.net GmbH, 2018.

FIT-01 17 Schütte, Julian et al.: Blockchain und Smart Contracts - Technologien, Forschungsfragen und Anwendungen. Sankt Augustin: Fraunhofer-Institut für Angewandte Informationstechnik FIT, 2017.

GOV-01 16 Ali, Robleh et al.: Distributed Ledger Technology: beyond block chain. London: Government Office for Science, 2016.

HERTZ-01 18 FAQ Regelleistung. Berlin: 50hertz, 2018.

HILE-01 17 Hileman, Garrick et al.: Global Cryptocurrency Benchmarking Study. Cambridge: University of Cambridge, 2017.

ISE-02 18 Stromaustausch von Deutschland mit seinen Nachbarländern: https://www.energy-charts.de/exchange_de.htm; Freiburg: Fraunhofer-Institut ISE, 2018 (überarbeitet: 2018).

KOEI-01 17 Welzel, Christian et al.: Mythos Blockchain: Herausforderungen für den öffentlichen Sektor. Berlin: Kompetenzzentrum Öffentliche IT, 2017.

NEUM-01 17 Neumann, Susanne et al.: Potenziale der Blockchain in der Energiewirtschaft - Grundlagen und Anwendungsbeispiel im Abrechnungsprozess. In: Magazin für Energiewirtschaft (ew) Spezial I/2017. Offenbach am Main: EW Medien und Kongresse GmbH, 2017.

NEX-02 13 Präqualifikation für den Regelenergiemarkt. Was ist das und wie funktioniert es? in: https://www.next-kraftwerke.de/energie-blog/praequalifikation-regelenergiemarkt (21.01.2016). Köln: Next Kraftwerke GmbH, 2013

PWC-01 16 Hasse, Felix; von Perfall, Axel: Blockchain – Chance für Energieverbraucher?. Düsseldorf: Verbraucherzentrale NRW, 2016

REWAG-01 18 Gottschalk, Martin: So profitieren Sie von der Regelenergievermarktung. In: https://www.rewag.de/geschaeftskunden/grosskunden/stromerzeuger/re

gelenergievermarktung.html. (Abruf am 2018-04-23); (Archived by WebCite® at http://www.webcitation.org/6yt51kSK1); Regensburg: REWAG (Regensburger Energie- und Wasserversorgung), 2018.

ROEM-01 18 Römer, Nils: Marktkapitalisierung der Kryptowährungen wächst weiter. In: https://www.trading-treff.de/krypto/marktkapitalisierung-kryptowaehrungen-waechst-weiter. (Abruf am 2018-04-19); (Archived by WebCite® at http://www.webcitation.org/6ynBlyiMl); Berlin: Trading-Treff Media GmbH, 2018.

SRF-01 17 Witschi, Beate: Was sie über Strom in der Schweiz wissen müssen . In: https://www.srf.ch/kultur/wissen/was-sie-ueber-strom-in-der-schweiz-wissen-muessen. (Abruf am 2018-04-19); (Archived by WebCite® at http://www.webcitation.org/6yn8CusFA); Zürich: Schweizer Radio und Fernsehen, 2017.

SWIS-01 18 Lützelschwab, Andreas: Grid Data. In: https://www.swissgrid.ch/de/home/operation/grid-data/balance.html#regelenergie-und-verbrauchte. (Abruf am 2018-04-19); (Archived by WebCite® at http://www.webcitation.org/6ynAfC2Jf); Laufenburg: Swissgrid AG, 2018.

TEN-02 15 Bauernschmitt, Svetlana: Marktprozesse für die Bilanzkreisabrechnung (Strom). Nürnberg: TenneT TSO GmbH, 2015.

UCL-01 97 Emmerich, Wolfgang: Distributed System Principles. London: University College London, 1997.

ÜNB-06 18 Minutenreserveleistung 50 Hertz 2016: https://www.regelleistung.net/ext/data/; Berlin: https://www.regelleistung.net/ext/data/50 Hertz, 2018.

ÜNB-09 18 Schucht, Boris: ÜNB: Internetplattform Ausschreibungsübersicht zu Regelleistung . In: https://www.regelleistung.net/ext/tender/. (Abruf am 2018-04-19); (Archived by WebCite® at http://www.webcitation.org/6yn3mAfkA); Berlin: 50Hertz Transmission GmbH, TenneT TSO GmbH, TransnetBW GmbH, Amprion GmbH, 2018.

WIKI-02 12 McLloyd, Francis: Regelzonen mit Übertragungsnetzbetreiber in Deutschland. http://commons.wikimedia.org/wiki/File:Regelzonen_mit_%C3%9Cbertragungsnetzbetreiber_in_Deutschland.png: Wikimedia Commons, 2012